石油工人技术问答系列丛书

油田维修电工技术问答

张树起 主编

石油工业出版社

内 容 提 要

本书以问答的形式介绍了电工基础、数字电路基础知识、电力系统及配电线路、电力电缆、电力电容器、变压器、电动机及其保护、变频器及软启动器、天然气发电机、常见电气故障诊断与处理、用电管理与节电、安全用电与防火防爆知识。

全书共 510 问，重点介绍新产品、新工艺、新技术和新经验。本书以维修电工解决实际工作中的技术问题为宗旨，涵盖相关工艺知识，内容丰富、深入浅出、通俗实用。

本书可作为各石油企业和全国各行业从事维修电工的电力职工培训教材和自学之用，也可供相关院校电气专业的学生及教师参考。

图书在版编目（CIP）数据

油田维修电工技术问答／张树起主编．
北京：石油工业出版社，2010.4
（石油工人技术问答系列丛书）
ISBN 978-7-5021-7700-3

Ⅰ．油…
Ⅱ．张…
Ⅲ．油田－电工－维修－问答
Ⅳ．TE43-44

中国版本图书馆 CIP 数据核字（2010）第 048565 号

出版发行：石油工业出版社
　　　　（北京安定门外安华里2区1号　100011）
　　　网　址：www.petropub.com.cn
　　　编辑部：(010) 64523582　　发行部：(010) 64523620
经　　销：全国新华书店
印　　刷：石油工业出版社印刷厂

2010年4月第1版　2011年11月第2次印刷
787×1092毫米　开本：1/32　印张：8.625
字数：193 千字

定价：15.00 元
（如出现印装质量问题，我社发行部负责调换）
版权所有，翻印必究

《油田维修电工技术问答》编写组

策　划：班绍顺　王玉明　萧希航　邵　宁
主　编：张树起
副主编：李　超　张　冰
编　委：邵泽亮　宋振彦　彭焕涛　王雪松
　　　　贾乃勇　黄凤云　郭　娟　邢恩洪
　　　　王和良　娄成峰　王春生　耿晓明
审　稿：王泰富　王振胜　夏艳铎　云侃锁

出版者的话

技术问答是石油石化企业常用的培训方式——在油田，由于石油天然气作业场所分散，人员难以集中考核培训，技术问答可以克服时间和空间的限制，随时考核员工知识掌握程度；在石化企业，每个装置的操作间都设置了技术问答卡片，这已成为企业日常管理、日常培训的一部分；此外，技术问答也是基层企业岗位练兵的主要训练方式。

技术问答之所以成为企业常用的培训方式，它的优点是显而易见的。第一，技术问答把员工应知应会知识提纲挈领地提炼出来，可以有助于员工尽快掌握岗位知识；第二，技术问答形式简明扼要，便于员工自学；第三，技术问答便于管理者对基层员工进行培训和考核。但我们也注意到，目前，基层企业自己编写的技术问答还有很多的局限性，主要表现在工种覆盖不全面、内容的准确性权威性不够等方面，针对这一情况，我们石油工业出版社经过广泛调研，精心策划，组织了一批技术水平高超、实践经验丰富的作者队伍，编写了这套《石油工人技术问答系列丛书》，目的就在于为基层企业提供一些好用、实用、管用的培训教材，为企业基层培训工作提供优质的出版服务，继而为中国石油天然气集团公司三支人才队伍建设贡献绵薄之力。

衷心希望广大员工能够从本书中受益，并对我们提出宝贵意见和建议。

石油工业出版社
2008 年 9 月

前 言

随着我国电力工业的发展和科技进步,电工和电子的结合更加紧密,电工技术有了新的飞跃。高新电子技术在电工中得到广泛应用,新的技术不断涌现和应用(如变频器、软启动器),其中不少知识已列为中国石油天然气集团公司维修电工技能鉴定的内容,油田维修电工迫切希望了解和掌握这方面的知识。

本书围绕着电工基础、常用电气线路、设备的安装使用、设备维修及故障处理编写。本书具有先进性、实用性、新颖性等特点,紧密联系生产实际。

对本书提出宝贵修改意见的专家有中国石油天然气股份有限公司王泰富副总工程师,大港油田王振胜、夏艳铎二位高级工程师,长庆油田云侃锁,在此一并表示感谢!

本书在编写过程中参考了最新文献资料和同行的有关文献,编者对所列主要参考文献的作者表示衷心的感谢!

由于编者水平有限,疏漏、错误之处在所难免,恳请各位专家、读者及同仁提出宝贵意见,以便于不断完善提高。

编者
2010年2月1日

目 录

一、电工基础 … 1

1. 电是什么？它有哪些性质？ … 1
2. 什么是导体、绝缘体、半导体和超导体？ … 1
3. 什么是电路？它主要由哪几部分构成？ … 1
4. 什么是电源？什么是电动势？ … 1
5. 什么是电位？什么是电压？ … 2
6. 电压和电动势有什么区别？ … 2
7. 什么是电流？什么是电流强度？ … 2
8. 什么是电阻？它的大小与哪些因素有关系？ … 2
9. 什么是欧姆定律？什么是全电路欧姆定律？ … 3
10. 什么是电功率？它和电能有什么区别？ … 3
11. 什么是断路？什么是短路？短路会造成什么后果？ … 4
12. 什么是右手定则和左手定则？分别说明它们的用途。 … 4
13. 什么是右手螺旋定则？ … 4
14. 什么是楞次定律？什么是电磁感应定律？ … 5
15. 焦耳定律说明什么问题？ … 5
16. 克希霍夫定律的基本内容是什么？ … 5
17. 什么是串联电路？什么是并联电路？它们各有什么特点？ … 6
18. 什么是正弦交流电？什么是交流电的周期和频率？ … 6

19. 什么是交流电的最大值、平均值和有效值？
它们之间有什么关系？ ………………………… 6
20. 什么是相位？什么是相位差？ ………………… 7
21. 什么是相位的超前、滞后、同相和反相？ ……… 7
22. 什么是感抗、容抗和阻抗？ ……………………… 8
23. 什么是向量？为什么正弦交流电可以用向量
来表示？ ……………………………………………… 8
24. 什么是有功功率、无功功率和视在功率？ ……… 8
25. 什么是功率因数？如何计算？ …………………… 9
26. 什么是三相交流电？它与单相交流电相比较
有何优点？ …………………………………………… 9
27. 什么是正序电压、负序电压和零序电压？ ……… 9
28. 什么是中性点位移？中性线的作用是什么？
为什么零线不允许断路？ ………………………… 10
29. PN 结是怎样形成的？什么是内电场？
内电场对载流子的运动有什么作用？ …………… 10
30. 二极管有哪些主要参数？含义是什么？ ………… 11
31. 怎样使用万用表测量二极管？应注意什么
问题？ ………………………………………………… 11
32. 什么是晶体三极管的极限参数？使用时超过
极限参数会有什么后果？ ………………………… 12
33. 什么是晶体管的穿透电流？此电流太大有什么
后果？ ………………………………………………… 12
34. 什么是晶体管的输入特性和输出特性？ ………… 12
35. 交流放大器不设置静态工作点行不行？ ………… 12
36. 晶体管是一个电流控制元件，为什么能起电压

	放大作用呢？ ……………………………………… 13
37.	晶体三极管有几种接线方式？各有何特点？ … 13
38.	什么是反馈、负反馈和正反馈？ ………………… 13
39.	交流放大器的输出电压 U_{se} 和输入电压 U_{sr} 在相位上有什么关系？为什么会有这样的关系？ … 13
40.	什么是耦合及耦合电路？对它有哪些要求？ …… 14
41.	什么是阻抗匹配？变压器为什么能够实现阻抗匹配？ ………………………………………… 14
42.	负反馈为什么能够改善放大器的稳定性和失真？ ……………………………………………… 14
43.	什么是射极输出器？有哪些特点？为什么在放大电路中广泛使用射极输出器？ ………………… 15
44.	什么是反馈系数、反馈深度？ …………………… 15
45.	什么是电磁振荡？ ………………………………… 15
46.	什么是微分电路？它有什么作用？ ……………… 15
47.	什么是积分电路？它有什么作用？ ……………… 16
48.	什么是门电路？ …………………………………… 16
49.	什么是二极管与门电路和二极管或门电路？ …… 16
50.	什么是非门电路、与非门电路和或非门电路？ … 16
51.	什么是整流？ ……………………………………… 16
52.	常用的单相整流电路有几种？各有何特点？ …… 17
53.	常用的滤波电路有几种？各有何特点？ ………… 17
54.	什么是稳压二极管？简述稳压二极管的伏安特性。 ………………………………………… 17
55.	什么是晶闸管？它有什么特点？ ………………… 18
56.	什么是单结晶体管？它在什么情况下导通和

截止？ …………………………………………………… 18
　57．晶体管断电保护装置的特点是什么？ ………… 19
二、数字电路基础知识 …………………………………… 20
　58．什么是数字电路？ ……………………………… 20
　59．什么是数制？ …………………………………… 20
　60．什么是十进制数？ ……………………………… 21
　61．什么是二进制数？ ……………………………… 21
　62．什么是二进制数存取？ ………………………… 21
　63．什么是门电路？ ………………………………… 21
　64．什么是半导体器件的开关特性？ ……………… 21
　65．什么是三极管的开关特性？ …………………… 22
　66．说明组合逻辑电路的特点是什么？ …………… 22
　67．说明组合逻辑电路的分析步骤有哪些？ ……… 23
　68．触发器的基本类型有哪些？ …………………… 23
　69．时序逻辑电路的组成和结构包括什么？ ……… 23
　70．并行传输方式的特点是什么？ ………………… 24
　71．矩形脉冲波形主要参数有哪些？ ……………… 24
　72．什么是施密特触发器？ ………………………… 24
　73．施密特触发器有哪些重要特点？ ……………… 24
　74．什么是半导体存储器？ ………………………… 24
三、电力系统及配电线路 ………………………………… 26
　75．什么是电力系统？什么是电力网？ …………… 26
　76．什么是输电线路？什么是配电线路？ ………… 26
　77．用户对电力系统有何要求？ …………………… 26
　78．工业企业中对电力负荷如何进行分级？ ……… 27
　79．什么是电力网的功率因数？无功补偿的意义

是什么？ …………………………………………… 27
80．电力网低压运行对受电地区有哪些危害？ ……… 28
81．电网低频率运行对用户有哪些影响？ …………… 29
82．为什么长距离输送电能时采用高压？ …………… 29
83．电力系统电压波动大对电力变压器有何影响？
　　如何处理？ …………………………………………… 29
84．电力线路杆塔按用途分为哪几种形式？ ………… 30
85．某锥形混凝土电杆型号为"B-19-12-8.7/1"的
　　意义是什么？ ……………………………………… 31
86．XWP_2-7悬式绝缘子型号的意义是什么？ ……… 31
87．什么是架空线路的水平档距？什么是垂直档距？
　　它们在设计中有何意义？ ………………………… 31
88．混凝土电杆在运行中对其缺陷有何规定？ ……… 32
89．线路巡视有哪几种方式？ ………………………… 32
90．输配电线路防污有哪些措施？ …………………… 32
91．使用架空绝缘导线有哪些好处？ ………………… 33
92．架空绝缘导线有哪些型号、规格？ ……………… 34
93．架空绝缘导线的最大允许载流量是多少？ ……… 34
94．架设10kV架空绝缘线路应注意哪些事项？ …… 35
95．架空线路设备缺陷如何分类？ …………………… 36
96．架空线路的定级工作应如何进行？ ……………… 37
97．运行单位技术人员应建立哪些资料？ …………… 37
98．架空线路防雷工作应建立哪些资料？ …………… 38
99．新建架空线路运行前需进行哪些检查和测试？ … 38
100．对杆塔螺栓穿入方向有何规定？ ………………… 38
101．拉线安装有哪些规定？ …………………………… 39

102. 架空线路导线相序排列应遵守哪些原则? ……… 39
103. 采用分裂导线的目的是什么? 在安装时有什么要求? ……………………………………………… 40
104. 什么是电晕现象? 有何危害? 怎样防止电晕现象的发生? ……………………………………………… 40
105. 有一基电杆, 拉线高为 10m, 试计算电杆与拉线间的夹角分别为 45°、60° 时拉线长各为多少? ……………………………………………………… 41
106. 拉线棒与拉线盘安装时有何规定? …………… 41
107. 瓷绝缘子老化通常有哪些原因? ……………… 41
108. 什么是零值瓷瓶? 有什么危害? 如何防止? …… 41
109. 为什么高压线路耐张杆上的绝缘子比直线杆多一片? ……………………………………………… 42
110. 什么是根开? 什么是迈步? …………………… 42
111. 导线振动是怎样形成的? ……………………… 42
112. 导线振动有什么危害? ………………………… 42
113. 为什么靠近终端杆或耐张杆导线断线时它承受张力最大? ……………………………………………… 43
114. 配电线路的检修工作如何分类? ……………… 43
115. 线路大修及改进工程主要包括哪些内容? …… 43
116. 如何编制配电线路的检修计划? ……………… 44
117. 低压配电装置指哪些设备? …………………… 44
118. 什么是低压电器? 其分类与用途有哪些? …… 44
119. 低压熔断器的作用是什么? 如何选用? ……… 45
120. 选用低压断路器应注意哪些问题? …………… 46
121. 自动空气开关有何特点? 安装和使用时应

注意什么？ …… 46
122. 交流接触器的工作原理是什么？ …… 47
123. 为什么要合理选择变压器？选择的原则
　　是什么？ …… 47
124. 低压线路接线方式的特点是什么？ …… 48
125. 低压架空线路如何接地？ …… 48
126. 如何判断室内线路的故障？ …… 48
127. 电线管路与热水管、蒸汽管同侧敷设时
　　有何要求？ …… 49
128. 怎样设计或计算一般照明线路？ …… 49
129. 如何进行低压动力线、照明线截面的选择？ …… 50
130. 电力和照明用聚氯乙烯绝缘软线有何特点？ …… 50
131. 为什么在低压电网中普遍采用三相五线制？
　　其中线截面通常选为多少？ …… 51

四、电力电缆 …… 52

132. 什么是电缆？ …… 52
133. 什么是电缆的金属套？ …… 52
134. 什么是电缆的铠装层？ …… 52
135. 什么是电缆终端？ …… 52
136. 什么是电缆接头？ …… 52
137. 什么是电缆附件？ …… 52
138. 什么是电缆支架？ …… 52
139. 什么是电缆桥架？ …… 53
140. 什么是电缆导管？ …… 53
141. 电缆及其附件到达现场后，如何检查？ …… 53
142. 如何加工电缆导管？ …… 53

143. 电缆管明敷时应满足哪些要求? ……………… 53
144. 电缆管直埋敷设应满足哪些要求? ……………… 54
145. 电缆敷设前应如何进行检查? ………………… 54
146. 电力电缆接头的布置应符合哪些要求? ……… 55
147. 电缆标志牌的装设应符合哪些要求? ………… 55
148. 控制电缆在什么情况下可有接头? …………… 55
149. 制作电缆终端和接头前应满足哪些要求? …… 56
150. 电缆的防火阻燃措施有哪些? ………………… 56
151. 电缆的阻燃防火材料必须具备哪些质量资料? … 57
152. 如何封堵电缆孔洞? …………………………… 57
153. 电缆在交接、验收时应怎样进行检查? ……… 57
154. 电缆桥架的种类有哪些? ……………………… 58
155. 为什么不可以笔直地敷设电缆? ……………… 58
156. 放电缆时为什么从电缆盘的上端引出? ……… 58
157. 机械化敷设电缆的速度过快有什么危害? 如何预防? ………………………………………… 58
158. 桥梁上如何敷设电缆? ………………………… 59
159. 电力电缆的基本构造是怎样的? 如何分类? … 59
160. 敷设电缆应符合哪些规定? …………………… 60
161. 电力电缆直接埋入地下时有何具体要求? …… 60
162. 直埋电缆与其他地下设施的安全距离是多少? … 61
163. 电缆头有哪几种? 对电缆头的基本要求是什么? … 62
164. 为什么电缆要使用电缆头和电缆接头? ……… 62
165. 敷设电力电缆时,应在地面何处设置电缆标志? … 63
166. 电缆沿墙和建筑物敷设时,相互间距离是如何规定的? ………………………………………… 63

167. 电缆沿墙壁、构架、天花板等处敷设时，应在哪些位置设置电缆支架？ ………… 63
168. 悬挂电力电缆时，其固定点间的距离如何规定？ ………… 64
169. 电缆沟内部最小尺寸应符合哪些要求？ ………… 64
170. 电力电缆的试验项目及试验标准是什么？ ………… 64
171. 如何对电缆进行试验和参数测定？ ………… 65
172. 如何判别电力电缆的相色标志？ ………… 66
173. 为什么具有金属护层及铠装的三相电力电缆不能作为一相使用？ ………… 67
174. 为什么不允许电缆过负荷运行？ ………… 67
175. 常见的电缆故障有哪些？怎样对其进行处理？ … 67
176. 低压五芯电缆的中性线起什么作用？ ………… 68
177. 电缆的内屏蔽层和外屏蔽层各有什么作用？ ………… 68
178. 电缆线路停电后为何短时间内还有电？用什么方法消除？ ………… 69
179. 电缆配电线路为什么不装重合闸装置？ ………… 69
180. 电缆线路在运行中应做哪些维护检查工作？ ………… 70
181. 铜芯电缆与铝芯电缆有何差别？在什么情况下应选用铜芯电缆？ ………… 70
182. 铜芯导线和铝芯导线怎样进行等值换算？ ………… 71
183. 引起直埋电缆故障的原因有哪些？ ………… 72

五、电力电容器 ………… 74

184. 电力电容器的功能是什么？ ………… 74
185. 并联电容器为什么能补偿无功功率？如何计算电容器的补偿容量？ ………… 74

186. 电容器所标的电容和额定容量有什么含义？两者之间有什么关系？ …… 75
187. 电容器充电、放电时两端的电压为什么不会突变？ …… 75
188. 无功功率有什么含义？ …… 76
189. 对电容器的投入或退出在运行上有哪些要求和规定？ …… 77
190. 新装电容器在投入前应做哪些检查？ …… 77
191. 采用电容器补偿有何优缺点？ …… 78
192. 装设电容器补偿有哪些方法？各有什么优缺点？ …… 78
193. 为什么不允许电力电容器在电压超过额定电压10%时长期运行？ …… 78
194. 为什么电容器的无功容量与外加电压的平方成正比？ …… 79
195. 电容器在运行中容易发生哪些异常现象？ …… 79
196. 电容器在运行中发出不正常的"咕咕"声是什么原因？ …… 79
197. 电力电容器损坏的类型有哪些？ …… 80
198. 电容器的爆炸事故是由哪些原因引起的？ …… 80
199. 电力电容器组保护装置的选用原则是什么？ …… 80
200. 电容器在运行中开关跳闸如何处理？若查不出故障点，如何处理？ …… 81
201. 电容器组的操作应注意哪些事项？ …… 81
202. 为什么电容器组禁止带电荷合闸？ …… 82
203. 电容器组为什么要求各相容量必须相等？ …… 82

204. 电容器组为什么不允许装设自动重合闸装置? … 82
205. 电容器组为什么要装设放电装置? 用什么方法进行放电? …… 82
206. 电容器组放电回路为什么不允许装熔断丝或开关? …… 83
207. 电力电容器在运行中应注意些什么? …… 83
208. 怎样测试电容器的绝缘电阻? …… 83
209. 造成电容器爆炸有哪些原因? 怎样防止? …… 84
210. 怎样防止电动机无功就地补偿的谐波危害? …… 85

六、变压器 …… 88

211. 什么是变压器? 它的基本结构和工作原理是什么? …… 88
212. 为什么电力系统离不开变压器? …… 88
213. 变压器分哪些种类? …… 89
214. 什么是变压器的极性? …… 89
215. 什么是变压器的接线组别? 我国电力变压器规定的接线组别有哪几种? …… 90
216. 什么是变压器的空载运行、负载运行及超负荷运行? …… 91
217. 简述变压器铭牌上技术数据的含义。 …… 91
218. 电力变压器的主要组成及其各部分的作用是什么? …… 92
219. 变压器的极限温升是如何确定的? …… 93
220. 为什么变压器铁芯和壳体要同时接地? …… 93
221. 配电变压器运行管理应建立哪些资料? …… 94
222. 配电变压器三相电流不平衡率如何计算?

对不平衡率有何要求? ………………………… 94
223. 配电变压器高、低压熔断丝如何选择? ………… 95
224. 配电变压器并列运行的条件是什么? …………… 95
225. 配电变压器大修、小修年限有何规定? ………… 95
226. 什么是变压器的磁滞损耗? ……………………… 95
227. 什么是变压器的涡流损耗? ……………………… 95
228. 什么是变压器的铜耗 P_{Cu0} ? ……………………… 96
229. 什么是变压器的空载损耗? ……………………… 96
230. 变压器油的牌号表示什么意思? 不同牌号的
　　　变压器油能否混用? ……………………………… 96
231. 怎样处理变压器套管漏油故障? ………………… 97
232. 对变压器运行的允许温度是如何规定的? ……… 98
233. 什么是变压器的额定负载运行? ………………… 98
234. 什么是变压器的过载运行? ……………………… 99
235. 对变压器的允许电压变动是如何规定的? ……… 99
236. 变压器运行中的检查项目有哪些? ……………… 99
237. 变压器高压侧熔断丝熔断的原因有哪些? …… 100
238. 变压器在哪些情形下应立即停止运行? ……… 100
239. 变压器运行中的检查项目与测试项目有
　　　哪些? …………………………………………… 100
240. 变压器停电、送电顺序是什么? ……………… 101
241. 如何测量变压器的吸收比? …………………… 101
242. 用兆欧表测量变压器的绝缘电阻时应注意
　　　什么? …………………………………………… 101
243. 变压器运行不正常的原因及处理方法有
　　　哪些? …………………………………………… 102

244. S9 系列变压器和新 S9 系列变压器与 S7 系列变压器有什么不同? …… 103
245. 什么是非晶合金配电变压器? …… 103
246. S11 系列变压器有何特点? …… 104
247. 变压器绝缘电阻不正常有哪些原因?如何处理? …… 105
248. 造成变压器绕组绝缘下降或损坏的原因有哪些? …… 105
249. 测量变压器绕组直流电阻应注意哪些事项? … 106

七、电动机及其保护 …… 108

250. 简述三相异步电动机的工作原理。 …… 108
251. 电动机是怎样分类的? …… 109
252. 三相异步电动机铭牌上标有额定电压为 220/380V,它表示什么意义? …… 109
253. 交流电动机实际接线与铭牌不符时有何危害? …… 109
254. 异步电动机由哪几部分组成?各部分的作用是什么? …… 110
255. 如何判别三相异步电动机定子绕组首、尾端并接成星形和三角形? …… 111
256. 三相异步电动机调速方法有哪几种?简述其调速原理。 …… 112
257. 能否将频率为 60Hz 电动机接到频率为 50Hz 的电源上运行? …… 113
258. 在安装异步电动机不允许反转时,怎样预先测定旋转方向? …… 113
259. 三相异步电动机空载电流占额定电流多少

为适宜？ …………………………………………… 114
260. 三相异步电动机空载电流出现较大不平衡的
原因是什么？ …………………………………… 114
261. 三相异步电动机空载电流过大的原因
是什么？ ………………………………………… 115
262. 什么是异步电动机的转差率？ ………………… 115
263. 异步电动机有哪些损耗？ ……………………… 116
264. 异步电动机的使用条件是怎样的？ …………… 116
265. 异步电动机的启动特性是什么？ ……………… 118
266. 异步电动机启动前应做哪些检查？ …………… 118
267. 异步电动机启动时应注意哪些事项？ ………… 119
268. 三相异步电动机有几种启动方式？ …………… 119
269. 怎样确定鼠笼式异步电动机的启动方式？ …… 120
270. 异步电动机直接启动常用设备有哪些？ ……… 120
271. 什么是自耦减压启动及在什么情况下采用
此种方法？ ……………………………………… 121
272. 什么是异步电动机过载系数？ ………………… 121
273. 异步电动机的气隙对电动机的运行有什么
影响？ …………………………………………… 121
274. 异步电动机电源电压发生波动时对运行中的
电动机有何影响？ ……………………………… 122
275. 电源三相电压不平衡对电动机运行有何
影响？ …………………………………………… 122
276. 电源频率低对异步电动机运行有什么影响？ … 122
277. 异步电动机在什么条件下运行时经济、可靠、
安全？ …………………………………………… 123

278. 异步电动机超负载运行有何危害? …… 123
279. 三相异步电动机常见的电气故障有哪些? …… 123
280. 如何选择电动机的容量? …… 124
281. 三相异步电动机有哪些保护? …… 125
282. 电子型电动机保护器有哪些新产品? …… 125
283. 电动机和线路怎样选择熔断器的熔体? …… 126
284. 怎样安装热继电器? …… 128
285. 怎样调试热继电器? …… 128

八、变频器与软启动器 …… 130

286. 变频器是什么装置? …… 130
287. 当电动机的旋转速度改变时,其输出转矩会如何? …… 130
288. 变频器如何分类? …… 131
289. 交—直—交变频器是基于什么原理工作的? …… 132
290. 变频器的接地保护功能可以检测出漏电吗? …… 132
291. 变频器的频率调节范围如何? …… 132
292. 什么是矢量控制? …… 133
293. U/f 变频器和矢量控制变频器有哪些优缺点? …… 133
294. 何为变频器的基本 U/f 线? …… 134
295. 变频器在运行中能显示哪些参数? …… 134
296. 变频器的寿命有多长? …… 134
297. 变频调速系统能否长时间在低速情况下运行? …… 134
298. 什么是变频器效率? …… 134
299. 变频器谐波是如何产生的? …… 135

300. 变频器有几种启动方式? …………………… 135
301. 如何延长变频器寿命? ……………………… 136
302. 如何测量变频器的绝缘电阻? ……………… 136
303. 变频器各部分有哪些常见故障? 主要原因有哪些? ………………………………………… 137
304. 变频器运行中出现过流或过载跳闸有哪些原因? ……………………………………………… 138
305. 变频器受负载"冲击"有哪些原因? ………… 139
306. 怎样避免变频器受负载"冲击"? …………… 140
307. 从主变频器切换到备用变频器的过程中为什么容易出现过流跳闸现象? …………………… 141
308. 从主变频器切换到备用变频器的过程中出现过流跳闸怎样解决? …………………………… 141
309. 变频调速系统的电源异常表现形式有几种? … 142
310. 变频器过电流的原因是如何分类的? ……… 143
311. 富士变频器显示"OC1"、"OC2"、"OC3"故障信息如何处理? ……………………………… 144
312. 富士变频器显示 OLU 故障信息如何处理? … 145
313. 富士变频器显示 OU1、LU 故障信息如何处理? ……………………………………………… 145
314. 富士变频器显示 EF 故障信息如何处理? …… 146
315. 富士变频器显示 Er1 故障信息如何处理? …… 146
316. 富士变频器显示 Er7 故障信息如何处理? …… 146
317. 富士变频器显示 Er2 故障信息如何处理? …… 146
318. 如何诊断富士变频器运行无输出故障? …… 147
319. 什么是软启动器? 它与传统减压启动器有何

不同？ …………………………………… 147
320．软启动器的工作原理是怎样的？ ………… 148
321．软启动器有哪些主要功能？ ……………… 148
322．使用软启动器应注意哪些问题？ ………… 150
323．软启动器适用于哪些场合？ ……………… 151
324．哪些场合最适宜软启动器作轻载运行？
节能效果如何？ …………………………… 152
325．选用软启动器或选用变频器应考虑哪些
因素？ ……………………………………… 152

九、天然气发电机 …………………………………… 154
326．简述同步发电机的工作原理。 …………… 154
327．说明 12V190 系列燃气发动机的工作循环。 …… 155
328．何谓活塞的上止点？ ……………………… 155
329．何谓活塞的下止点？ ……………………… 155
330．何谓活塞行程 S？ ………………………… 155
331．何谓进气提前角？有何作用？ …………… 155
332．何谓排气提前角？有何作用？ …………… 156
333．简述 12V190 系列燃气发电机组的基本结构。 … 156
334．气缸盖的作用是什么？ …………………… 156
335．12V190 系列发动机进气系统由哪些部件
组成？ ……………………………………… 156
336．12V190 系列发动机启动系统由哪几部分
组成？ ……………………………………… 157
337．12V190 系列发电机采用哪几种点火方式？ …… 157
338．发电机控制电路电子调速部分由哪些部件
组成？ ……………………………………… 157

339. 发电机电压调整回路由哪些部分组成？ ……… 157
340. 发电机励磁及其电压的调节是如何实现的？ … 157
341. 发动机气门间隙的调整周期如何确定？ ……… 158
342. 发动机气门间隙调整原则是什么？ …………… 158
343. 发动机气门间隙如何调整？ …………………… 158
344. 如何调节火花塞间隙？ ………………………… 159
345. 何谓发动机的点火提前角？ …………………… 159
346. 说明测量点火提前角的方法——倒拖法。 …… 159
347. 如何调整点火提前角？ ………………………… 160
348. 如何安装磁电机（以调整点火提前角至 32° 曲轴转角为例）？ ……………………………… 160
349. 活塞磨损的原因是什么？ ……………………… 161
350. 活塞组的主要功用是什么？ …………………… 161
351. 活塞常见的故障有哪些？ ……………………… 161
352. 活塞断裂的主要原因是什么？ ………………… 161
353. 活塞环的功用是什么？ ………………………… 161
354. 何谓活塞环开口间隙并有什么要求？ ………… 162
355. 何谓环槽端面间隙并有什么要求？ …………… 162
356. 活塞环磨损的原因是什么？ …………………… 162
357. 活塞环常见故障有哪些？ ……………………… 162
358. 什么是活塞环的泵油作用？ …………………… 162
359. 连杆的作用是什么？ …………………………… 162
360. 对连杆的要求有哪些？ ………………………… 163
361. 连杆组常见故障有哪些？ ……………………… 163
362. 连杆组常见故障产生原因有哪些？ …………… 163
363. 曲轴组的功用是什么？ ………………………… 163

364. 曲轴常见故障有哪些？ …………………… 163
365. 轴瓦常见故障有哪些？ …………………… 163
366. 轴瓦装配时的注意事项是什么？ ………… 163
367. 曲轴弯曲变形的原因是什么？ …………… 164
368. 曲轴、轴承磨损的原因是什么？ ………… 164
369. 凸轮轴磨损的原因是什么？ ……………… 164
370. 凸轮轴的作用是什么？ …………………… 164
371. 凸轮轴常见故障有哪些？ ………………… 165
372. 说明伍德沃德2301速度及负荷控制器面板调整电位器的中文解释。 ………………… 165
373. 伍德沃德2301速度及负荷控制器各端脚是如何接线的？ …………………………… 165
374. 说明2301速度及负荷控制器启动限油——调节范围、作用。 ……………………… 166
375. 说明2301速度及负荷控制器各旋钮启机的初始设置。 ……………………………… 167
376. 发电机初始启机时2301速度及负荷控制器如何调整？ …………………………… 167
377. 2301速度及负荷控制器如何设定转速调整？ … 168
378. 2301速度及负荷控制器执行器补偿如何调整？ ……………………………………… 168
379. 2301速度及负荷控制器低怠速如何调整？ …… 168
380. 2301速度及负荷控制器斜坡发生器（RAMP）的调整方法是什么？ ……………………… 169
381. 2301速度及负荷控制器负荷增益如何调整？ … 169
382. 发动机不能启机，执行器没有开到启动位置的

故障原因是什么？如何解决？ …………… 170

383. 判断发动机一启机就超速的原因是什么？
如何解决？ …………………………………… 171

384. 发动机启机超速或冒黑烟的原因是什么？
如何解决？ …………………………………… 171

385. 说明额定工况运行一段后发动机出现超速的
原因。如何解决？ …………………………… 172

386. 说明发动机调不到低怠速的原因。
如何解决？ …………………………………… 172

387. 当怠速/额定速度转换开关打开时，发动机
没有降速的原因是什么？如何解决？ ………… 173

388. 发动机空载时稳定不下来，或带载时不稳定的
原因是什么？如何解决？ ……………………… 173

389. 发电机并联运行的必要条件有哪些？ ………… 174
390. 发电机并联运行的方法有哪些？ ……………… 174
391. 并网运行的含义是什么？ ……………………… 175
392. 并网运行的功率如何分配及调节？ …………… 175
393. 数台发电机如何并联运行？ …………………… 175
394. 发电机并联运行的注意事项是什么？ ………… 176

十、常见电气故障诊断与处理 …………………… 178

395. 钢筋混凝土电杆腐蚀的原因有哪些？ ………… 178
396. 造成钢筋混凝土电杆缺陷的原因有哪些？ …… 178
397. 发现金属杆塔基础和地下拉线棒锈蚀如何
处理？ ………………………………………… 178
398. 什么是杆塔"冻鼓"？如何防止？ …………… 179
399. 杆塔倾斜的原因有哪些？ ……………………… 179

400. 拉线折断的原因有哪些? ……………………… 180
401. 如何防止拉线基础上拔? ……………………… 180
402. 如何防止绝缘子闪络? ………………………… 180
403. 绝缘子老化的危害有哪些? 绝缘子老化的
   处理方法有哪些? …………………………… 181
404. 造成零值绝缘子的原因以及零值绝缘子的
   处理方法有哪些? …………………………… 182
405. 输电导线损坏或断股的处理方法有哪些? …… 182
406. 导线短路故障原因有哪些? …………………… 183
407. 断路器拒绝合闸故障的分析、判断与处理方法
   有哪些? ……………………………………… 184
408. 对断路器拒绝跳闸故障如何分析? …………… 185
409. 对断路器拒绝跳闸故障如何判断、处理? …… 186
410. 对断路器误跳闸故障如何分析? ……………… 187
411. 对断路器误跳闸故障如何判断、处理? ……… 187
412. 对断路器误合闸故障如何分析? ……………… 188
413. 交流接触器线圈通电后不能吸合或吸合后
   又断开的原因有哪些? 如何处理? ………… 189
414. 交流接触器吸力不足(即不能完全闭合)的
   原因有哪些? 如何处理? …………………… 190
415. 交流接触器线圈断电后衔铁不能释放或释放
   缓慢的原因有哪些? 如何处理? …………… 191
416. 交流接触器噪声大, 振动明显的原因有哪些?
   如何处理? …………………………………… 192
417. 交流接触器线圈过热或烧坏的原因有哪些?
   如何处理? …………………………………… 192

418. 接触器主触头过热或熔焊的原因有哪些？
如何处理？ …………………………………… 193
419. 交流接触器触头及导电连接板温升过高的原因
有哪些？如何处理？ ………………………… 194
420. 交流接触器触头过度磨损的原因有哪些？
如何处理？ …………………………………… 194
421. 交流接触器相间短路的原因有哪些？
如何处理？ …………………………………… 195
422. 交流接触器灭弧装置不能有效灭弧的原因
有哪些？如何处理？ ………………………… 195
423. 交流接触器吸合太猛的原因与处理方法有
哪些？ ………………………………………… 196
424. 热继电器误动作的原因有哪些？如何处理？ … 196
425. 热继电器不动作的原因有哪些？如何处理？ … 197
426. 热继电器动作不稳定，时快时慢的原因有
哪些？如何处理？ …………………………… 198
427. 热元件烧断的原因有哪些？如何处理？ …… 198
428. 如何处理热继电器无法调整故障？ ………… 198
429. 如何处理热继电器控制失灵故障？ ………… 199
430. 如何处理热继电器不能再扣故障？ ………… 199
431. 如何处理热继电器接入后主电路或控制电路
不通故障？ …………………………………… 199
432. 自耦减压启动器启动电动机后电动机运转
太快的原因有哪些？ ………………………… 200

十一、用电管理与节电 …………………………………… 201

433. 什么是计划用电？落实计划用电的四个重要

　　　　环节是什么？ ………………………………… 201
434. 什么是电耗？单位产品电耗的作用及意义
　　　有哪些？ …………………………………… 201
435. 什么是电压损失？电压损失对工业生产
　　　有什么影响？ ……………………………… 202
436. 何为高峰负荷、低谷负荷、平均负荷和保安
　　　负荷？ ……………………………………… 203
437. 供电质量的标准是什么？ ………………… 203
438. 什么是节约用电？节约用电工作的主要途径
　　　是什么？ …………………………………… 203
439. 在石油行业开展节电活动的意义是什么？ … 204
440. 为什么电网需采用无功补偿？ …………… 204
441. 采用无功补偿提高功率因数有哪些措施？ … 205
442. 对并联电容器运行有哪些规定？ ………… 205
443. 怎样选择工厂无功补偿方式？ …………… 208
444. 长期轻载的异步电动机由三角形接线改成星形
　　　接线为什么能节电？ ……………………… 209
445. 采用变频器有什么好处？ ………………… 209
446. 荧光灯与白炽灯比较节电效果如何？ ………… 210
447. 异形节能荧光灯与普通荧光灯比较节电效果
　　　如何？ ……………………………………… 211
448. 镇流器有哪几类？各有何特点？ ………… 212
449. 什么是绿色照明？ ………………………… 213
450. 什么是光通量？ …………………………… 213
451. 什么是发光强度（光强）？ ……………… 214
452. 什么是亮度？ ……………………………… 214

453. 什么是照度？ ……………………………… 214

454. 什么是光效？ ……………………………… 214

455. 什么是色温？ ……………………………… 214

456. 什么是显色性和显色指数？ ……………… 214

457. 什么是频闪效应？ ………………………… 214

458. 什么是眩光？ ……………………………… 215

459. 什么是配光曲线？ ………………………… 215

460. 什么是照明器效率？ ……………………… 215

461. 使用空调器时怎样节电？ ………………… 215

462. 使用电冰箱时怎样节电？ ………………… 216

463. 使用电视机时怎样节电？ ………………… 218

464. 使用电脑时怎样节电？ …………………… 220

465. 使用电热油汀时怎样节电？ ……………… 221

十二、安全用电与防火防爆 ………………………… 223

466. 什么是安全电压？说明各等级安全电压的
应用范围。 …………………………………… 223

467. 什么是触电？ ……………………………… 223

468. 触电有哪些类型？ ………………………… 223

469. 何谓单相触电？ …………………………… 223

470. 何谓两相触电？ …………………………… 224

471. 何谓跨步电压触电？ ……………………… 225

472. 低压触电使触电者脱离电源的方法有哪些？ … 225

473. 高压触电使触电者脱离电源的方法有哪些？ … 226

474. 防止触电有哪些安全措施？ ……………… 226

475. 什么是保护接地？ ………………………… 226

476. 什么是保护接零？ ………………………… 226

477. 在三相四线制系统中有了保护接零为什么可以防止触电? …………………………………… 227
478. 在三相四线制系统中可否采用保护接地措施? …………………………………………… 228
479. 保护接地与保护接零有何区别? ………… 228
480. 引起电气设备过热的原因有哪些? ……… 228
481. 如何防止电气设备过热运行? …………… 229
482. 造成短路的原因有哪些? 短路的危害有哪些? ……………………………………… 229
483. 电气设备过载的原因有哪些? …………… 230
484. 电弧产生的原因有哪些? 有何危害? …… 230
485. 电火花包括哪两类? 产生的原因有哪些? … 230
486. 哪些电气设备可能引起爆炸? 哪些情况可能引起空间爆炸? …………………………… 231
487. 爆炸危险环境接地应注意什么? ………… 231
488. 安装防爆区域的电气设备时如何保持一定的防火间距? ………………………………… 232
489. 防爆区域的电气设备如何保持通风? …… 233
490. 怎样确定低压配电系统的漏电保护方式? … 233
491. 安装低压配电系统漏电保护器应注意哪些事项? ……………………………………… 234
492. 爆炸危险场所区域等级是怎样划分的? … 235
493. 防爆电气设备是怎样分类的? 怎样识别防爆电气设备的标志? …………………………… 236
494. 怎样对防爆电气设备进行日常维护检查? … 238
495. 怎样检修防爆电气设备? ………………… 238

496. 什么是闪燃？ …………………………………… 240
497. 什么是自燃？ …………………………………… 240
498. 什么是燃烧？燃烧有哪三个条件？ ………… 240
499. 什么是爆炸？ …………………………………… 240
500. 什么是物理性爆炸？ …………………………… 240
501. 什么是化学性爆炸？ …………………………… 241
502. 石油工业防火防爆的重要性是什么？ ………… 241
503. 石油工业"五防"是什么？ …………………… 241
504. 灭火的四项基本措施是什么？ ………………… 241
505. 什么是冷却灭火法？ …………………………… 241
506. 什么是隔离灭火法？ …………………………… 242
507. 什么是窒息灭火法？ …………………………… 242
508. 什么是抑制灭火法（中断化学反应法）？ …… 242
509. 石油工业生产的主要特点是什么？ …………… 242
510. 石油工业防火要求是什么？ …………………… 243

参考文献 ………………………………………………… 244

一、电工基础

1. 电是什么？它有哪些性质？

答：物质由分子组成，分子由原子组成，原子由带正电荷的原子核和围绕原子核旋转带负电荷的电子组成。如果由于某种原因使物质得到或失去电子，这一物质所带的电荷就失去平衡，得到电子的物质显示负电性，失去电子的物质则显示正电性。

电荷之间存在相互作用力，同性电荷互相排斥，异性电荷互相吸引。

2. 什么是导体、绝缘体、半导体和超导体？

答：导电能力很强的物质称为导体；几乎不能导电的物质称为绝缘体；导电能力介于导体和绝缘体之间的物质称为半导体。有些物质的电阻随着温度的下降而不断地减小，当温度降到一定值（临界温度）以下时，它的电阻突然变为零，即出现超导现象，这种具有超导现象的导体称为超导体。

3. 什么是电路？它主要由哪几部分构成？

答：电流流通的路径称为电路。

电路一般由电源、负载、连接导线与控制设备四个主要部分构成。

4. 什么是电源？什么是电动势？

答：把其他形式的能量转变为电能的装置称为电源，如发电机、电池等。

电源内部的电源力（或称局外力）将单位正电荷从低电位（负极）推动到高电位（正极）所做的功称为电动势。

5. 什么是电位？什么是电压？

答：电场力将单位正电荷从电场中某点移至无限远处（即电位规定为零的参考点）所做的功，称为该点的电位。

在电场中，将单位正电荷由高电位点移向低电位点时电场力所做的功称为电压，即电压表示两点之间的电位差。

6. 电压和电动势有什么区别？

答：电压是指电路中任意两点之间的电位差，它的方向是从正极指向负极，即电位降低的方向。而电动势是指单位正电荷在电源内部电源力（或称局外力）作用下通过电源时所获得的能量，它的方向是从负极指向正极，即电位升高的方向。

7. 什么是电流？什么是电流强度？

答：导体中的电荷在电场力的作用下做有规则的定向流动称为电流。

电流强度是表示电流大小的物理量，其数值等于单位时间内通过导体截面的电荷量。电流强度也简称电流。

8. 什么是电阻？它的大小与哪些因素有关系？

答：在电场力的作用下，电流在导体内流动时所遇到的阻力，称为电阻。

电阻的大小与下列因素有关：
（1）导线的长度；
（2）导线的截面；
（3）导线的材料；
（4）导线的温度。

9. 什么是欧姆定律？什么是全电路欧姆定律？

答：欧姆定律的内容是：在一段电路中，流过电阻 R 的电流 I 与电阻两端的电压 U 成正比，而与这段电路的电阻成反比，用公式表示为

$$I=\frac{U}{R}$$

式中　U——电压，V；
　　　I——电流，A；
　　　R——电阻，Ω。

全电路欧姆定律的内容是：在一个闭合电路中，电流与电源电动势成正比，与电路中电源内电阻、外电阻之和成反比，用公式表示为

$$I=\frac{E}{R+R_0}$$

式中　E——电路中电源电动势，V；
　　　I——电流，A；
　　　R——外电阻，Ω；
　　　R_0——电源内电阻，Ω。

10. 什么是电功率？它和电能有什么区别？

答：电功率是指单位时间内电源力所做的功，而电能是指一段时间内电源力所做的功。它们之间的关系是

$$W=Pt$$

式中　W——电能，kW·h；
　　　P——电功率，kW；
　　　t——时间，h。

11. 什么是断路？什么是短路？短路会造成什么后果？

答："断路"一般是指电路中某一部分断开使电流不能导通的现象。

"短路"是指两根及两根以上的电源线不经过负载而直接接触或碰触的现象。

"短路"会造成电气设备过热，甚至烧毁电气设备，引起火灾；同时，短路电流还会产生很大的电动力，造成电气设备损坏；严重的短路事故会破坏系统稳定以及浪费电能等。

12. 什么是右手定则和左手定则？分别说明它们的用途。

答：右手定则又称发电机定则，它规定：伸平右手使拇指与四指垂直，手心向着磁场的N极，拇指的方向与导线运动的方向一致，四指所指的方向即为导体中感应电动势的方向。

左手定则又称电动机定则，它规定：伸平左手使拇指与四指垂直，手心向着磁场的N极，四指的方向与导体中电流的方向一致，拇指所指的方向即为导体在磁场中受力的方向。

右手定则可以确定发电机感应电动势的方向；左手定则可以确定电动机的旋转方向；右、左手定则还可以用来分析电路中的电磁感应现象。

13. 什么是右手螺旋定则？

答：右手螺旋定则是用来说明电流流过导体，在导体周围产生磁场时，电流方向与磁力线方向之间关系的一条定律。它规定：以右手握住导体，使伸直的拇指指向电流的方向，则四指所指的方向就是磁力线的方向。用右手螺旋定则确定线圈中电流的方向和磁场方向的关系时是这样的：右手四指握住线圈，四指的方向与线圈电流的方向一致，拇指的方向就表示 N 极的方向。

14. 什么是楞次定律？什么是电磁感应定律？

答：楞次定律是确定线圈产生电磁感应电动势方向的定律。它规定：闭合线圈中产生的感应电流的方向总是要使它所产生的磁场阻碍穿过线圈的原来磁通的变化。

电磁感应定律是用来计算线圈中感应电动势数值的定律。它规定：闭合线圈中感应电动势的大小和线圈内磁通变化的速度成正比。

15. 焦耳定律说明什么问题？

答：焦耳定律亦称焦耳—楞次定律。它是确定电流流过导体时产生热量的定律。焦耳定律说明：电流在一段导体内产生的热量 Q 与电流强度 I 的平方、该段导体的电阻 R 和通电时间 t 成正比。其数学表达式为

$$Q=I^2Rt$$

式中　Q——热量，J；

　　　I——电流，A；

　　　R——电阻，Ω；

　　　t——时间，s。

16. 克希霍夫定律的基本内容是什么？

答：克希霍夫第一定律是研究电路中各支路电流之间关系的。它指出，电路中任何一个节点的电流，其代数和等于零。其数学表达式为

$$\sum I=0$$

克希霍夫第二定律是研究回路中各部分电压之间关系的。它指出，电路中任何一个闭合回路内各段电压的代数和

等于零。其数学表达式为

$$\sum U=0$$

17. 什么是串联电路？什么是并联电路？它们各有什么特点？

答：电路中几个电气元件首尾依次连接，流过同一电流，这种连接方法称为串联。

电路中几个电气元件首与首连接，尾与尾连接，相应的两端承受同一个电压，这种连接方式称为并联。

在串联电路中电流处处相等，总电压等于各元件上的电压降之和，电路中总电阻等于各元件电阻之和。

在并联电路中各元件承受的电压均相等，总电流等于流过各元件电流的和，电路中总电阻的倒数等于各元件电阻倒数的和。

18. 什么是正弦交流电？什么是交流电的周期和频率？

答：大小和方向随时间按照正弦函数规律变化的电压和电流称为正弦交流电。

交流电完成一个循环，即从零开始增加到正的最大值，又减小到零，接着达到负的最大值后又回到零所需的时间称为交流电的周期。

单位时间（即 1s）内交流电重复变化的周期数称为交流电的频率，它用字母 f 表示，单位是赫兹（Hz）。

19. 什么是交流电的最大值、平均值和有效值？它们之间有什么关系？

答：最大值：也称振幅值，是指交流电在一个周期内出现的最大瞬时值，分别用符号 I_m、U_m 等来表示交流电流、电压等正弦量的最大值。

平均值：因为正弦交流电在一个周期内的平均值为零，所以正弦交流电的平均值是按半个周期计算的，通常用符号 I_p、U_p、E_p 表示交流电流、电压、电动势的平均值。

有效值：是指交流电通过电阻性负载，当所发出的热量与直流电通过同一电阻性负载所产生的热量相等时，这一直流电的大小就是交流电的有效值。

以电压为例，交流电压的最大值、平均值、有效值的关系为

$$U_m = 1.57 U_p = 1.414 U$$

$$U_p = 0.637 U_m = 0.9 U$$

$$U = 0.707 U_m = 1.11 U_p$$

式中　　U_m——交流电压最大值；

U_p——交流电压平均值；

U——交流电压有效值。

20．什么是相位？什么是相位差？

答：在正弦电压的数学式 $U = U_m \sin(\omega t + \phi)$ 中，$(\omega t + \phi)$ 是一个角度，但它是时间的函数，对于一个确定的时间 t 就有一个确定的角度，说明在这段时间内交流电变化了多少角度，所以 $(\omega t + \phi)$ 是表示正弦交流电变化进程中的角度的一个量，称为相位。

相位差是指两个频率相同的正弦交流电的相位之差，相位差实际上说明两交流电之间在时间上超前或滞后的关系。

21．什么是相位的超前、滞后、同相和反相？

答：在同一个周期内，一个正弦量比另一个正弦量早些或晚些到达零值（或最大值），前者被认为是超前，后者被

认为是滞后。

如果两个同频率的正弦量同时到达最大值,则这两个正弦量称为同相。

如果两个同频率的正弦量同时到达零值,但当一个到达正的最大值时,另一个到达负的最大值,则这两个正弦量的相位互差180°,称为反相。

22. 什么是感抗、容抗和阻抗?

答:交流电通过电感线圈时,线圈中会产生自感电势阻止电流的变化,使它受到一定的阻力,这种特殊的阻力称为感抗。

交流电通过电容时,电容器对电流也有一种特殊的阻力,这种阻力称为容抗。

在电路中同时存在电感、电容和电阻三种负荷时,其感抗、容抗和电阻的综合向量之和称为阻抗。

23. 什么是向量?为什么正弦交流电可以用向量来表示?

答:有大小又有方向的量称为向量。

正弦交流电的大小和方向是以一定的频率随时间作正弦规律变化的,而向量也是随时间而变化的量,且与正弦量有一确定的关系,所以能用向量表示正弦交流电。

24. 什么是有功功率、无功功率和视在功率?

答:在交流电路中,电阻所消耗的功率(用于发光、发热、做动力等的电功率)称为有功功率。

在具有电感(或电容)的电路中,因要建立磁场(或电场),也要占用一部分功率,这部分功率只与电源进行能量的交换,并没有真正被消耗掉。这种与电源进行交换能量的功率称为无功功率。

在交流电路中有功功率和无功功率的矢量和称为视在功率。

25. 什么是功率因数？如何计算？

答：在交流电路中，电压与电流之间的相位差（ϕ）的余弦称为功率因数，用符号 $\cos\phi$ 表示，它是标志设备效率高低的一个系数，在数值上，是有功功率 P 和视在功率 S 的比值，即

$$\cos\phi = \frac{P}{S}$$

功率因数常用的计算方法有直接计算法和查表法。

（1）直接计算法　常用来计算功率因数的公式有

$$\cos\phi = \frac{P}{UI}$$

$$\cos\phi = \frac{R}{Z}$$

（2）查表法　当已知无功功率和有功功率的比值时，可由功率因数速算表查出相对应的功率因数。

26. 什么是三相交流电？它与单相交流电相比较有何优点？

答：三个具有相同频率、相同振幅，但在相位上彼此相差 120° 的正弦交流电势、电压、电流，称为三相交流电。

三相电气设备比单相电气设备的制造材料省，而且构造简单，性能优良。输送同样的功率三相电气设备比单相电气设备要节省导线 25%，而且电能损耗也少。

27. 什么是正序电压、负序电压和零序电压？

答：分析任意一组三相不对称的电压或电流向量 **A**、**B**、

C，可将它们分解为三组对称的向量。

一组为正序分量，其大小相等，相位互差120°，一般用 A_1、B_1、C_1 来表示，其相序是顺时针方向旋转，即 A_1-B_1-C_1。

一组为负序分量，其大小相等，相位互差120°，一般用 A_2、B_2、C_2 来表示，其相序逆时针方向旋转，即 A_2-B_2-C_2。

另一组为零序分量，其大小相等，且相位一致，一般用 A_0、B_0、C_0 来表示。

28. 什么是中性点位移？中性线的作用是什么？为什么零线不允许断路？

答：三相电源电压对称，在星形接线的三相电路中，如果三相负载不对称，则电源的中性点与负载的中性点之间就要产生电位差，这种现象称为中性点位移。

中性线的作用，就是当不对称的负载接成星形接线时，使其每相的电压保持对称。

中性线因事故断开，当各相负载不对称时，势必引起电压的畸变，破坏各相负载的正常运行，而实际中，负载大多是不对称的，所以中性线不允许断路。

29. PN结是怎样形成的？什么是内电场？内电场对载流子的运动有什么作用？

答：把一块P型半导体和一块N型半导体结合在一起，由于结合面两侧的半导体形式不同，P区浓度大的空穴将向N区扩散，即在交界面附近的空穴跑到N区，与N区的电子进行复合，P区失去空穴而带负电，形成负电荷区；同时，N区浓度大的电子又会向P区扩散，电子跑到P区与P区的空穴进行复合，N区由于失去电子而带正电，形成正电荷区，

一、电工基础

这个在交界面两侧形成的空间电荷区即称为 PN 结。

由空间电荷区形成的电场称为内电场。

内电场的方向是由 N 区指向 P 区的,它阻挡上述载流子的扩散运动,PN 结实际上就是扩散力与电场力平衡的结果。

30．二极管有哪些主要参数？含义是什么？

答:(1)最大正向电流:指其长时间运用中能够允许流过的最大平均电流,二极管的工作电流不能超过这个数值,否则会由于过热而烧损。

(2)最高反向工作电压:指在其他参数不超过规定的允许值时的最大反向电压(峰值)。电压值一般取为反向击穿电压的 1/2 或 1/3。选用二极管时必须注意这个限制值,以防二极管因反向击穿而损坏。

(3)最大反向电流:指二极管两端加上最高反向工作电压时的反向电流值。此值越大,说明二极管的单向导电性能越差。

31．怎样使用万用表测量二极管？应注意什么问题？

答:用万用表测量二极管时,将表的欧姆挡拨到 R×100 或 R×1K 位置,红表笔、黑表笔分别接于二极管的两个极上,如果测得的电阻值较小,在 100~1000Ω,说明黑表笔(接万用表内部电池的正极)接的一端是二极管的正极,红表笔(接万用表内部电池的负极)接的一端是二极管的负极。然后调换红表笔、黑表笔进行检验,测得的电阻在几百千欧以上,说明前面的判断极性是正确的,且管子的单向导电性能较好。若两次测得的阻值都很小,说明二极管反向已经短路,已经失去单向导电性能;若两次测得的电阻值都是无穷大,说明管子已经断路,不能使用了。

32. 什么是晶体三极管的极限参数？使用时超过极限参数会有什么后果？

答：为使晶体管在使用时不致损坏或不影响它的正常性能所规定的参数限度，称为极限参数。

集电极电流 I_c 超过其最大允许电流 I_{cm} 时，管子发热虽不一定会损坏，但交流放大系数 β 值会下降很多。

如果集电极与发射极之间的电压 U_{ce} 超过它的最大允许电压（击穿电压）U_{ceo} 时，I_c 或 I_e 会突然增加很多，这种现象称为击穿。管子击穿或将造成永久性损坏。

集电极耗散的功率也不能超过其最大允许功率 P_{cm}，否则管子将发热损坏。

33. 什么是晶体管的穿透电流？此电流太大有什么后果？

答：晶体三极管基极开路，集电极和发射极之间的反向电流为穿透电流 I_{ceo}。

穿透电流 I_{ceo} 太大，管子的温度稳定性很差，很容易烧损。当发现晶体三极管穿透电流逐渐增大时，应当更换。

34. 什么是晶体管的输入特性和输出特性？

答：在晶体管的输入回路中，加在基极与发射极之间的电压 U_{be} 与它所产生的基极电流 I_b 之间的关系，称为输入特性。

在一定的基极电流 I_b 下，集电极与发射极之间的电压 U_{ce} 同集电极电流 I_c 之间的关系，称为输出特性。

35. 交流放大器不设置静态工作点行不行？

答：设置静态工作点，即让基极有一定的直流偏流 I_b，其作用在于解决交流信号在放大器输入回路中产生波形失真的问题。如果设置静态工作点，在放大交流信号时，至少在信号的负半周将使三极管截止，造成严重的失真，所以说不设静态工作点是不行的。

36．晶体管是一个电流控制元件，为什么能起电压放大作用呢？

答：因为基极与发射极之间的电压 U_{be} 的少许变化会引起基极电流 I_b 的较大变化，通过电流放大作用，又引起集电极电流 I_c 的更大变化，该电流 I_c 流过集电极负载电阻 R_c 后，在它两端所产生的电压变化将比 U_{be} 的变化大得多，这就是晶体管也能起电压放大作用的原理。

37．晶体三极管有几种接线方式？各有何特点？

答：晶体三极管有三种接线方式。

（1）共发射极接法。这种接法的电压、电流放大倍数大，功率放大倍数最大，输入、输出阻抗一般。

（2）共基极接法。这种接法的电流放大倍数小，电压放大倍数大，功率放大倍数一般，输入阻抗小、输出阻抗大。

（3）共集电极接法。这种接法的电流放大倍数大，电压放大倍数小，功率放大倍数小，输入阻抗最大，输出阻抗最小。

38．什么是反馈、负反馈和正反馈？

答：把输出端的某个物理量通过一定的方式送回到输入端，用以改善放大器的某些特性，这种手段即称为反馈。如果从输出端反送到输入端的物理量对输入信号是削弱的，就称为负反馈；若这个物理量对输入信号是加强的，则称为正反馈。

39．交流放大器的输出电压 U_{se} 和输入电压 U_{sr} 在相位上有什么关系？为什么会有这样的关系？

答：放大器的输出电压 U_{se} 和输入电压 U_{sr} 的相位是反相的。

当输入出压 U_{sr} 的瞬时值增大时，集电极电流的瞬时值 I_c 将增大，集电极电阻 R_c 上的电压降随之增大，而管压降 U_{ce} 的瞬时值降低，输出电压 U_{se} 减小；反之，当 U_{sr} 减小时，I_c 减小，U_{ce} 增大，输出电压 U_{se} 增大。这就说明 U_{se} 与 U_{sr} 在相位上正好相差180°，即 U_{se} 和 U_{sr} 的相位是反相关系。

40．什么是耦合及耦合电路？对它有哪些要求？

答：在多级放大电路中，每两个单级放大器之间的连接称为耦合，如放大器输入端和信号源之间以及输出端和负载之间的连接，通常能够实现耦合的电路称为耦合电路，对它的要求如下：

（1）接入耦合电路后，应尽量不影响前、后级原有的工作状态，并使级间相互影响尽可能小；

（2）不引起信号的传递失真；

（3）耦合电路上信号的传递损失应尽量小。

41．什么是阻抗匹配？变压器为什么能够实现阻抗匹配？

答：使负载阻抗与放大器的输出阻抗恰当配合，从而得到最大的输出功率，这种阻抗恰当配合就称为阻抗匹配。

变压器之所以能够实现阻抗匹配，是因为只要适当选择原边、副边的匝数，即变压器的变比，即可得到恰当的输出阻抗。也就是说，变压器具有变换阻抗的作用，所以它能够实现阻抗匹配。

42．负反馈为什么能够改善放大器的稳定性和失真？

答：由于某种原因，当放大器的输入信号没有改变而输出信号却有波动时，若输出信号是增大的，负反馈电路的反馈信号也将等比例地增大，该增大的反馈信号将削弱输入信号，使输出信号相应减小。若输出信号是减小的，则情况与上相反，可使输出信号相应增大。这样不断地变化，又不断地修正，可使输出信号恢复到原来的大小，所以说负反馈能够改善放大器的稳定性和失真。

43. 什么是射极输出器？有哪些特点？为什么在放大电路中广泛使用射极输出器？

答：晶体三极管接成共集电极接法，由于负载接在发射极上，信号从发射极输出，所以称为射极输出器，它有以下特点：

(1) 电压放大倍数接近并小于1；
(2) 输出电压和输入电压同相位；
(3) 输入电阻大，输出电阻小；
(4) 通频带宽。

44. 什么是反馈系数、反馈深度？

答：在反馈放大器中，反馈信号 U 与输出信号 U_{sc} 的比值称为反馈系数。

包括反馈电路时放大器的放大倍数 K_F（闭环放大倍数）与不包括反馈电路时放大器的放大倍数（开环放大倍数）K_0 的绝对值之比称为反馈深度。

45. 什么是电磁振荡？

答：在电磁回路中，电能与磁能互相转换的现象称为电磁振荡。

46. 什么是微分电路？它有什么作用？

答：能够反映信号突变部分的电路称为微分电路。

它的作用是将矩形波信号变换为尖脉冲信号，以满足控制系统的需要。

47. 什么是积分电路？它有什么作用？

答：能够把具有一定宽度和幅值的输入信号反映出来的电路称为积分电路。

它的作用是将具有一定宽度和幅值的输入信号挑选出来，以满足控制系统的需要。

48. 什么是门电路？

答：具有多个输入端和一个输出端的半导体开关电路称为门电路。当输入信号之间满足某一特定关系时，门电路才有输出信号输出，否则就没有信号输出。

49. 什么是二极管与门电路和二极管或门电路？

答：在门电路中，当所有的输入端都是"1"时，输出才是"1"，否则输出为"0"，这种逻辑关系的门电路，称为二极管与门电路。而只要输入端中有一个是"1"时，输出就是"1"，当所有的输入端都是"0"时，输出才是"0"的电路，称为二极管或门电路。

50. 什么是非门电路、与非门电路和或非门电路？

答：输出是输入的否定的门电路，称为非门电路，即输入为"1"时，输出为"0"，输入为"0"时，输出为"1"，输入和输出刚好相反。它实质上就是一个反相器。

由二极管与门电路的输出来控制的非门电路称为与非门电路。

由二极管或门电路的输出来控制的非门电路，称为或非门电路。

51. 什么是整流？

答：把交流电变为直流电的过程称为整流。

52. 常用的单相整流电路有几种？各有何特点？

答：常用的单相整流电路有三种：单相半波整流电路、单相全波整流电路和单相桥式整流电路。

单相半波整流电路结构简单，输出电压波动很大，不易滤成平直波形。另外，该电路只利用了电源电压的半个波。

单相全波整流电路的整流电压较单相半波整流电路电压高，脉动小，易于滤成平直波形，但整流元件所承受的反向电压升高。

单相桥式整流电路的输出电压与全波整流电路电压相同，易于滤成平直波形，虽然需用4只二极管，但元件承受的反向电压却小了一半，同时电能利用率较高。

53. 常用的滤波电路有几种？各有何特点？

答：常用的滤波电路有电容滤波电路、电感滤波电路和复式滤波电路。

电容滤波在小电流时滤波效果好，但接通电源时有较大的充电电流，整流元件将受该电流的冲击。

电感滤波即将一个大的电感串联在负载电路中，其特点是对变动负载滤波效果较好，电源接通时不会受冲击电流的损害，但由于电感的作用，在电路开断时易产生过电压。

复式滤波即用电容、电感或电阻的不同组合构成滤波电路，如LC、RC滤波等。一般接法是电容与负载相并联，电感或电阻与负载相串联，有时则用2只电容器与1个电感（或电阻）接成 π 型滤波器。复式滤波器有较高的滤波性能，用途广泛。

54. 什么是稳压二极管？简述稳压二极管的伏安特性。

答：具有稳定电压作用的半导体二极管称为稳压二极管。

（1）正向特性：正向特性与普通硅二极管一样，电压升高、电流增大，电压在0.7~1V即可饱和导通。

（2）反向击穿特性：由于稳压管在反向电压下工作，在最小稳定电压之前电流很小，称为饱和区。

若反向电压继续增大，将在强电场的作用下，进入击穿区，大量电子挣脱共价键的束缚参与导电，使电流剧增且其变化范围很大，而电压的变化范围却极微小，从而起到了稳压作用。

电流超过最大稳定电流 I_{mm} 时的击穿是不可逆的击穿，使用时不能超过该值。

55. 什么是晶闸管？它有什么特点？

答：可以控制的硅整流元件简称晶闸管。

晶闸管具有以下特点：

（1）与普通二极管一样，具有单向导电性。

（2）为使之导通，除在阳极和阴极之间加正向电压外，还必须在控制极施加一个正向触发电压。

（3）晶闸管一旦触发导通，控制极即失去控制作用，只有阳极和阴极之间仍加有正向电压，晶闸管才保持导通状态，要使其关断，必须把阳极电流减小到维持电流以下，或在阳极、阴极之间加一反向电压（或切断电源）。

56. 什么是单结晶体管？它在什么情况下导通和截止？

答：单结晶体管是（简称UJT）又称基极二极管，它是一种只有一个PN结和两个电阻接触电极的半导体器件。

当发射极正向偏压 U_e 大于峰点电压 U_P 时，单结晶体管才能导通。而在发射极电流 I_e 小于谷点电流时，单结晶体管恢复截止。

57. 晶体管断电保护装置的特点是什么？

答：动作速度快，不存在机械磨损和触点接触不良的现象，耐冲击，抗振动，防止了因振动造成误动作，灵敏度高，易构成特性复杂的保护装置，且体积小，功率损耗小。但它的抗干扰能力较差，电子元件易发生特性变化和损坏，需充分注意提高其可靠性。

二、数字电路基础知识

58．什么是数字电路？

答：电子电路中的信号可分为两类：一类是随时间连续变化的信号，称为模拟信号，例如温度的变化、声音在空气中的传播、表的指针指示的时间、正弦交流信号等。用来产生、传输、处理模拟信号的电路称为模拟电路。另一类是时间上和数值上都不连续变化的离散信号，称为数字信号，例如数字电子表显示的时间量、数字万用表测量的量、工厂产品量的统计等。用来产生、传输、处理数字信号的电路称为数字电路。

59．什么是数制？

答：数制就是规定的进位计数体制。习惯采用的计数方法是十进数制，即规定的"逢十进一"体制。把表示数值大小的各种计数方法称为数制。数字电路只有两种工作状态，所以采用二进数制。由于二进数制表示一个数时位数太多，不便书写和记忆，因此，在数字电路中常用的进位计数体制除了二进制以外，还有十进制、八进制和十六进制。

每一种进位计数体制都有一组特定的数字符号，这些符号称为数码，十进制数有10个，二进制数有2个，八进制数有8个，十六进制数有16个。每种进位计数制中允许使用的数码总数称为基数或底数，分别将不同组的特定数码按一定规律排列起来计数，就可得到十进制数、二进制数、八进制数或十六进制数。

60. 什么是十进制数？

答：组成十进制数的数码有 0、1、2、3、4、5、6、7、8、9 共 10 个数码，基数为 10，任何一个十进制数都可以用这 10 个数码和小数点"."按一定规律排列起来表示。相邻位之间由低位向高位进位的规律是"逢十进一"。

61. 什么是二进制数？

答：在数字电路中应用最广的计数体制是二进制。组成二进制数的数码只有 0 和 1 共 2 个，基数为 2。任何一个二进制数都可以用这两个数码和小数点按一定规律排列起来表示。相邻位之间由低位向高位进位的规律是"逢二进一"。

62. 什么是二进制数存取？

答：数字电路与模拟电路还有一个不同之处就是，数字电路中有许多存储器电路，在工作过程中，时常要从存储器里取出有关信息或送入有关信息，这在模拟电路中是不可能的，因为模拟电路中没有具有记忆功能的存储器电路。

63. 什么是门电路？

答：能够实现基本逻辑关系的电子电路称为逻辑门电路，简称门电路。在数字电路中，最基本的逻辑关系是与、或、非，与之对应的最基本门电路是与门、或门和非门。由这三种最基本的门电路可以组合成其他复合门电路，如与非门、或非门、与或非门、异或门等。

64. 什么是半导体器件的开关特性？

答：在数字电路中，二极管和三极管一般都工作在开关状态。理想的开关应具有的特点是：开关闭合时，不管流过多大的电流，它两端的电压总为零；开关断开时，不管它两端所加电压多大，流过的电流总为零；开关状态的转换能在瞬间完成。实际并不存在这样的理想开关。

65．什么是三极管的开关特性？

答：在数字电路中，三极管作为开关器件应用时，经常工作在截止区和饱和区，放大区只出现在三极管由饱和变截止或由截止变饱和的过渡过程中。

（1）截止状态。

由三极管的输入特性可知，当 $u_{BE}<0.5V$ 时，$i_B \approx 0$，$i_C \approx 0$，$U_{CE} \approx U_{CC}$，三极管的 b、e、c 三极间近似于开路，三极管处于截止状态，相当于开关断开。因此，把 $u_{BE}<0.5V$ 作为三极管的截止条件，截止时的特点是：$i_B \approx 0$，$i_C \approx 0$。

（2）饱和状态。

当三极管达到临界饱和之后，i_C 趋于饱和，即使再增加 i_B，i_C 不再增大，I_{BS} 也基本不变，有 $i_B>I_{BS}$。由三极管的输入特性和输出特性可知，此时 $u_{BE}=0.7V$，$u_{CE}=U_{CES} \approx 0.3V$，b、e 间和 c、e 间近似于短路，相当于开关闭合。因此，把 $i_B>I_{BS} \approx V_{CC}/(\beta \cdot R_C)$ 作为三极管饱和导通的条件，饱和时的特点是：$u_{BE}=0.7V$，$u_{CE}=U_{CES} \approx 0.3V$。

66．说明组合逻辑电路的特点是什么？

答：在数字系统中，根据逻辑功能特点的不同，数字电路可分为两大类：一类是组合逻辑电路（简称组合电路），另一类是时序逻辑电路（简称时序电路）。所谓组合电路，是指电路在任一时刻的输出状态只与此时刻各输入状态有关，而与前一时刻的输出状态无关。

组合逻辑电路具有的特点是：(1) 从结构上看，由逻辑门组成；电路输出和输入之间无反馈；没有存储元件。(2) 从逻辑功能上看，在任何时刻，电路的输出状态仅取决于该时刻的输入状态，而与电路的前一时刻的状态无关。

67. 说明组合逻辑电路的分析步骤有哪些？

答：组合逻辑电路的分析，就是根据给定的逻辑图找出输出与输入之间的逻辑关系，确定电路的逻辑功能。分析组合逻辑电路的目的是为了确定已知电路的逻辑功能，或者检查电路设计是否合理。组合逻辑电路的分析步骤如下：

（1）根据已知的逻辑图，从输入到输出逐级写出逻辑函数表达式。

（2）利用公式法或卡诺图法化简逻辑函数表达式。

（3）列真值表，确定其逻辑功能。

68. 触发器的基本类型有哪些？

答：触发器的类型很多，并且可以按照不同的方法分类。

（1）按电路结构形式分类，可分为基本 R5 触发器和时钟触发器两大类。在时钟触发器中又可进一步分为电子触发的时钟触发器和边沿触发器两种类型。

（2）按逻辑功能分类，可分为 S 触发器、JK 触发器、D 触发器和 T 触发器等。

69. 时序逻辑电路的组成和结构包括什么？

答：对时序逻辑电路，任意时刻电路的输出不但取决于这一时刻的输入信号，而且还与电路输入信号前的状态有关。

（1）时序逻辑电路的组成：时序逻辑电路包括组合电路和存储电路两部分，存储电路用于存储电路的状态（反映输入信号前的状态对电路的影响），通常必不可少。

（2）时序逻辑电路的结构：存储电路的输出都要反馈到电路的输入端，与输入信号一起按某种逻辑关系共同作用来决定电路的输出。

70. 并行传输方式的特点是什么？

答：并行传输是指二进制数码的各位同时传输，这样就要求传输导线的数目与二进制数码的位数相同，例如传输一个8位二进制数码时要使用8条导线。在并行传输方式中，各位数值用该位电平的"高"或"低"来表示。高电平为"1"，用"H"表示；低电平为"0"，用"L"表示。

71. 矩形脉冲波形主要参数有哪些？

答：矩形脉冲波形主要参数有脉冲周期 T、脉冲幅度 V_m、脉冲宽度 t_w、上升时间 t_r、下降时间 t_f 和占空比 q。

72. 什么是施密特触发器？

答：施密特触发器 (Schmitt Trigger) 是脉冲波形变换中经常使用的一种整形电路，输出有两个稳定的状态。

73. 施密特触发器有哪些重要特点？

答：(1) 输入信号从低电平上升的过程中，电路状态转换时对应的输入电平 (即 V1) 与输入信号从高电平下降过程中电路状态转换时对应的输入电平 (即 V12) 不同。

(2) 在电路状态转换时，通过电路内部的正反馈过程使输出电压波形的边沿变得很陡。

利用这两个特点不仅能将边沿变化缓慢的信号波形整形为边沿陡峭的矩形波，而且可以将叠加在矩形脉冲高电平、低电平上的噪声有效地清除。

74. 什么是半导体存储器？

答：半导体存储器是数字系统和电子计算机的重要组成部分，其功能是存放程序、数据、资料等信息。半导体存储器由多个存储单元组成，每一存储单元可存放一位二进制信息(0 或 1)，所以存储单元的数目决定了存储器的容量。如一个内有 8192 个存储单元的存储器，其存储容量就为

8kB(1kB=1024B)。为了存取方便,通常一次存取的数据是多位二进制数(如 8 位、16 位、32 位等)。半导体存储器按制造工艺分为双极型和 MOS 型两种,按存取信息方式分为只读存储器(ROM)和随机存取存储器(RAM)两种。

三、电力系统及配电线路

75. 什么是电力系统？什么是电力网？

答：发电机、配电装置、升压或降压变电站、输配电线路以及用电设备的总和称为电力系统。

在电力系统中，由送变电设备及各种不同电压等级的电力线路组成的部分称为电力网。

76. 什么是输电线路？什么是配电线路？

答：在电力线路中，由电源向电力负荷中心输送电能的线路称为输电或送电线路。高压输电线路电压等级为 110~500kV，500kV 以上至 1000kV 称为超高压线路，1000kV 以上属特高压线路。

在电力线路中，主要担负分配电能任务的线路称为配电线路，110kV 以下至 1kV 属高压配电线路。

77. 用户对电力系统有何要求？

答：对电力系统要求有下列几点：

（1）供电的可靠性　保证安全供电是供电职工的主要职责，否则将会引起生产的停顿和设备损坏，甚至造成人身事故，给油田生产带来惨重损失。

（2）优良的电能质量　是指电力系统中频率和各点电压应保持在规定的允许范围之内。

（3）运行的经济性　为提高电力系统运行的经济性，不仅在设计、规划时予以考虑，同时在运行方式、电网损失、线路接线及运行状况等方面都应考虑其经济性,从而达到减少损耗、降低成本的目的。

78. 工业企业中对电力负荷如何进行分级?

答:工业企业中对电力负荷是按其重要程度进行分级的,一般可分为三级。

(1) 一级负荷:如突然停止供电,将造成严重后果,在经济上造成重大损失,使指挥系统失灵的负荷;打乱油田主要生产装置的正常生产过程,短时难于恢复,造成大量减产,使油田重要生产指挥和通信中心陷于瘫痪的负荷。

(2) 二级负荷:中断供电在经济上造成较大损失,大量减产;打乱油田生产装置的正常连续生产过程,且需较长时间才能恢复,造成原油、天然气大量减产;给职工生活带来混乱,且造成许多困难的负荷。

(3) 三级负荷:不属于一级负荷、二级负荷的其他负荷。

对于不同级别的负荷,其供电方式要求不同:一级负荷应有两个独立电源供电,当一个电源发生故障时,另一个备用电源自动投入装置能可靠地动作,保证供电的连续性;二级负荷宜采用双回路供电,并尽量引自不同的变压器或母线段。

79. 什么是电力网的功率因数?无功补偿的意义是什么?

答:在电力网中,很多用电设备具有电感特性,它们除了消耗一部分有功功率之外,还要吸收一部分无功功率以建立交流磁场,而有功功率与无功功率的合成量,即为视在功率。因此,电力网的功率因数即电力网的有功功率与视在功率之比。

$$S = \sqrt{P^2 + Q^2}$$

$$\cos\phi = \frac{P}{S}$$

各种用电设备在消耗同样的有功功率时,功率因数越低,所需的供电设备的容量越大。油田的动力设备主要是感应电动机,还有变压器、电磁机械和电焊机等,都是功率因数较低的用电设备。当供给一定量的功率到功率因数较低的设备时,就需要较多的电流,因而引起更大的损耗而使电压降低,通常采用安装补偿电容器的方法以提高其功率因数。

80. 电力网低压运行对受电地区有哪些危害?

答:造成电力网电压低的主要原因是:用户的大量无功负荷由发电机和电网供给,流经各级输变电设备时产生较大的电压降。另外,电网运行中缺乏调压设备,由于电力潮流的变化,也会造成电网电压过低。

电力网低电压运行对受电地区危害很大,主要表现在以下几个方面。

(1) 由于远距离输电线路输送大容量无功负荷和过多有功负荷,产生较大电压降,当输电线路再增加一些负荷时,受电地区电压进一步下降,线路负荷进一步增加,形成恶性循环,系统甩掉大量负荷,造成电网崩溃、大面积停电。

(2) 发电机将减少有功功率输出,输变电设备也因多送无功负荷而减少输送有功负荷的能力。

(3) 线路电压低,并输送无功负荷,将使线损增加。

(4) 电压过低,电动机转矩减小,电流增大,温度升高,电动机不能启动,甚至烧毁。

(5) 缩短用户用电设备寿命,电视机屏幕图像模糊、变小等。

(6) 静电电容器无功补偿减少,使系统无功负荷进一步增加。

(7) 使工业企业产品的产量、质量急剧降低。

81. 电网低频率运行对用户有哪些影响？

答：电网低频率运行时，所有用户交流电动机的转速按比例降低，当频率降低到48Hz时，电动机转速将降低4%，直接影响冶金、化工、机械、纺织、造纸等工业的产量，对于油田抽油机也将减少提升次数，影响原油生产；电网低频率运行对产品质量也有影响，如使纺织、造纸发生毛疵，造成薄厚不均匀等问题，纺织机断轴等事故增加，纺纱粗细不均等。

82. 为什么长距离输送电能时采用高压？

答：在输送电能时，发热所损耗的电能除了与输送电流大小有关外，还与线路导线的长短、导线的材料、电阻大小有关。如采用低电压送电时，输送电流很大，这样电能损失就多，电压损失也大。为了减少损失，就必须采用截面积较大的导线，因其电阻小，则电能损失就会少，但这需要大量有色金属导线，而使材料大量浪费。因此，在长距离输送电能时，便广泛采用高电压送电。输送的电能距离越远，采用电压越高。因为提高送电电压后，在输送电能不变的情况下，送电电流减小，电能损失也随着电流的减小而降低。同时在保证送电质量的条件下，采用较小截面的导线送电，可降低设备投资。

83. 电力系统电压波动大对电力变压器有何影响？如何处理？

答：变压器在电力网中运行时，由于电力系统运行方式的改变、昼夜负荷的变动及发生事故等情况，从而使电力网电压总有一定波动，因此加在变压器高压绕组上的电压也是变动的。当电网电压低于变压器所用分接头电压时,对变压器本身没有损害,只是可能降低变压器的出力;当电网电压高于变压器所用分接头额定电压较多时,则会对变压器的运行产生不良影响:

(1) 由于电源电压升高,变压器励磁电流增大,磁通密度增大,会造成变压器铁芯过热。

(2) 由于励磁电流增大,变压器所消耗的无功功率也随之增加,使变压器实际出力降低。

(3) 由于励磁电流的增大,磁通密度增大,使铁芯饱和,引起低压绕组电势波形发生畸变,由原来正弦波变为尖顶波,这对变压器的绝缘有一定的危害。

根据上述分析,变压器高压绕组所加的电压可以较额定值高,但一般不能超过额定值的5%,即无论电压分接头在什么位置,高压侧所加的电压不超过其相应额定值的1.05倍,则变压器低压绕组可带额定电流。变压器的低压侧电压值不准高于额定电压的5%,也不能低于额定电压的10%,若不符合上述容许值,则应调整变压器的分接头。

84. 电力线路杆塔按用途分为哪几种形式?

答:杆塔按用途分为以下几种。

(1) 直线杆塔:用于支持导线、绝缘子、金具重量,承受侧面风压。直线杆塔的数量约占全部杆塔数量的80%以上,通常用符号"Z"表示。

(2) 跨越杆塔:用于特殊设施或与公路、铁路、河流、电力线、弱电线路相互交叉跨越,并保证交叉跨越距离符合设计规程的要求,用符号"K"表示跨越杆塔。

(3) 耐张杆塔:用于承受导线水平张力,以便施工与检修,并在断线、倒杆的情况下限制事故范围,用符号"N"

表示耐张杆塔。

(4) 转角杆塔：用于线路转角地点，分直线转角和耐张转角两种，用符号"J"表示转角杆塔。

(5) T接杆塔：用于线路分支点，用符号"T"表示。

(6) 终端杆塔：用于线路起点或受电端的线路终点，它的一侧要承受线路侧耐张段的导线拉力，用符号"D"表示终端杆塔。

(7) 换位杆塔：在中性点直接接地的电力网中，当长度超过100km时，为了使各相电感、电容相等，减少对邻近平行通信线路的干扰，以平衡不对称电流而设置的换位杆塔。换位杆塔用符号"H"表示。

85．某锥形混凝土电杆型号为"B-19-12-8.7/1"的意义是什么？

答：该型号中"B"指拔梢杆；"19"指梢径，单位为cm；"12"指电杆长度，单位为m；"8.7/1"表示第一段破坏弯矩为"8.7t·m"。

86．XWP$_2$-7悬式绝缘子型号的意义是什么？

答：XWP$_2$-7悬式绝缘子型号中"X"表示悬式系列，"W"表示防污型，"P"表示机电破坏，"2"表示设计序号，"7"表示机电破坏负荷值，单位为t，绝缘子连接结构为球型，不需要用符号表示。

87．什么是架空线路的水平档距？什么是垂直档距？它们在设计中有何意义？

答：某一基电杆两侧档距的1/2之和，即称为该基电杆的水平档距，在设计中用于计算导线对杆塔的风压影响。

垂直档距是指该基电杆两侧导线悬挂最低点之间的距离，在设计中用于导线对杆塔基础压力的计算。

88. 混凝土电杆在运行中对其缺陷有何规定？

答：混凝土电杆弯曲不超过杆长的 2‰，裂纹宽度不超过 0.2mm，裂纹长度不超过 1/2 圆周，表面剥落面积不超过 20%，深度不超过 20mm，不准有露筋，不准有纵向裂纹。

89. 线路巡视有哪几种方式？

答：线路巡视是防止送配电线路发生故障的有效方法，通过巡视能及时发现线路的导线、拉线、绝缘子、金具、杆塔、基础等故障隐患及外力造成的损害，从而为线路的抢修或检修提供依据，保证送配电线路安全、可靠地运行。线路巡视有以下四种方式。

（1）定期巡视。一般情况下每月巡视一次，在鸟害、树害事故多发的春季和用电高峰的夏季，可适当增加巡视次数。

（2）特殊巡视。当遇到大风、暴雨、浓雾、导线覆冰等恶劣天气和遭受地震、洪水、森林火灾等自然灾害以及有重大政治活动和节日时要进行特殊巡视。

（3）故障巡视。当线路出现故障，发生跳闸、断线、接地等现象时要进行故障巡视。

（4）夜间巡视。为了检查线路绝缘子和导线的接头有无闪络、过热（发红）、火花等现象，应选择在无月光的夜晚负荷高峰时进行巡视检查，通常每半年巡视一次。

90. 输配电线路防污有哪些措施？

答：（1）对污秽绝缘子定期或不定期地进行清扫，也可用带电水冲洗，能有效地减少或防止污闪事故发生。装设泄漏电流记录器能根据泄漏电流的幅值和脉冲数来监视绝缘子的运行情况，发出预告信号，以便及时进行清扫。

（2）在绝缘子表面涂一层憎水性的防尘材料（如有机硅脂、有机硅油、地蜡等），使绝缘子表面在潮湿天气下形成水滴，但不形成连续的水膜，表面电阻大，从而减少泄漏电流，使闪络电压不致降低太多。

（3）加强绝缘和采用防污绝缘子。如增加绝缘子串的绝缘子片数，以增大爬电距离；采用防污绝缘子，可在不增加结构高度的情况下使泄漏距离明显增大。

（4）采用半导体釉绝缘子。这种绝缘子釉层的表面电阻为 $10^6 \sim 10^8 \Omega$，在运行中利用半导体釉层流过均匀的泄漏电流加热表面，使介质表面干燥，同时使绝缘子表面的电压分布均匀，从而能保持较高的闪络电压。

91．使用架空绝缘导线有哪些好处？

答：配电线路采用架空绝缘导线可解决常规裸导线在运行中遇到的一些难题。其主要优点如下。

（1）绝缘性能好。由于架空绝缘导线有绝缘层，可减少线路相间短路及接地故障。

（2）可减少线路相间距离，降低对线路支持件的绝缘要求，提高同杆架设线路的回路数。

（3）防腐蚀性能好。由于有绝缘层，比裸导线受氧化腐蚀的程度小，抗腐蚀能力提高，可延长线路的使用寿命。

（4）对外力破坏有一定的防护作用，能减少树木、台风、灰尘等外界因素的影响。

（5）强度达到要求。绝缘导线与裸导线相比虽然少了钢芯，但坚韧，机械强度能达到应力设计要求。

（6）能更好地提高供电的可靠性、稳定性和安全性，节约线路的维护管理费用。

架空绝缘导线与架空裸导线相比，造价高出 40% 左右，但比地埋电力电缆造价低很多，大约只有地埋电力电缆费用的 1/2。在配电网改造中，在一些地区因地制宜选用架空绝缘导线还是很有益处的，如在多树木、多尘及污染较严重区域，盐雾地区及台风、雷击多发地区等。

92．架空绝缘导线有哪些型号、规格？

答：平时使用的架空绝缘导线有多种：按线芯的材质分，有铝芯和铜芯两种，铝芯线使用较多，铜芯线主要用作变压器及开关设备的引下线；按绝缘保护层的厚度分，有厚绝缘（3mm、4mm）和薄绝缘（2.5mm）两种，厚绝缘在运行时允许与树木频繁接触，薄绝缘只允许与树木短时接触；按绝缘层的材质分，有交联聚乙烯和轻型聚乙烯两种，前者绝缘性能更优良。常用 10kV 架空绝缘导线的型号、规格见表1。

表1　常用 10kV 架空绝缘导线的型号、规格

型　号	名　　称	常用截面积，mm^2
JKTRYJ	软铜芯交联聚乙烯绝缘架空导线	35~70
JKLYJ	铝芯交联聚乙烯绝缘架空导线	35~300
JKTRY	软铜芯聚乙烯绝缘架空导线	35~70
JKLY	铝芯聚乙烯绝缘架空导线	35~300
JKLYJ/Q	铝芯轻型交联聚乙烯薄绝缘架空导线	35~300
JKLY/Q	铝芯轻型聚乙烯薄绝缘架空导线	35~300

93．架空绝缘导线的最大允许载流量是多少？

答：常用架空绝缘导线的最大允许载流量见表2。

三、电力系统及配电线路

表2　常用架空绝缘导线的最大允许载流量

导线截面积，mm²	最大允许载流量，A	
	铜导体	铝导体
25	174	134
35	211	164
50	255	198
70	320	219
95	393	304
120	454	352
150	520	403
185	600	465
240	712	553
300	824	639

94．架设10kV架空绝缘线路应注意哪些事项？

答：(1) 架空绝缘导线线路的档距一般控制在50m左右。

(2) 相间距离比裸导线线路要小。垂直、三角排列的相间距离不小于0.3m；水平排列的相间距离不小于0.4m。同杆架设的两回路导线垂直距离及水平距离不小于0.5m。跨接搭头、引下线与邻相的过引线及低压线路的净空距离，以及架空绝缘导线与电杆拉线或构架的净空距离不小于0.2m。

（3）由于耐张线夹直接夹在导线绝缘子上，为防止导线应力过大损坏绝缘层，一般绝缘导线的最大使用应力取 41N/mm² 左右。

（4）绝缘导线尽可能不要在档距内连接，可在耐张杆跳线时连接。如果确实需要在档距内连接，接头距导线的固定点不应小于 0.5m。不同金属、不同规格、不同绞向的绝缘导线严禁在档距内做承力连接。绝缘导线的连接点应使用绝缘罩或自粘绝缘胶带进行包扎。

（5）考虑到绝缘层塑性伸长率对弧垂的影响，导线架设后应采用减少弧垂法补偿。各类导线减少弧垂的百分数分别为：铝芯或铝合金芯绝缘线为 20%，铜芯绝缘线为 7%~8%。

（6）绝缘导线与绝缘子的固定应采用绝缘扎线。

（7）要注意对绝缘层的保护，施工中应尽量避免导线绝缘层与地面及杆塔附件的接触摩擦。

（8）跨接线可采用并沟线夹或接续管连接；引落线可采用并沟线夹或 T 型线夹连接。连接时要将接口处用绝缘罩或绝缘自粘胶胶带包扎。

（9）架空绝缘导线可使用专用的线路金具配件，好处是能进一步加强全线绝缘；也可使用普通的线路金具配件，好处是能降低线路造价，但导线固定金具和连接金具要用大一号产品。

95. 架空线路设备缺陷如何分类？

答：线路设备缺陷按其危害程度分为一般缺陷、严重缺陷、危急缺陷三类，即三类缺陷、二类缺陷、一类缺陷。

一般缺陷：指设备状况不符合规程标准和施工工艺要求，但近期内不影响安全运行，可在周期性检查中予以解决的缺陷。

严重缺陷：指设备有明显损坏、变形，发展下去会造成故障，必须列入近期检修计划予以消除的缺陷。

危急缺陷：指设备缺陷直接影响其安全运行，随时会导致发生事故，必须迅速处理的缺陷。

96．架空线路的定级工作应如何进行？

答：线路检修前一个月和线路检修后一个月，应对线路进行一次由技术部门组织，由各运行队参加的检查，以确定线路的等级，判断运行管理水平和检修质量。

架空线路定级分类按以下规定：

一类线路，技术状况良好，虽有一般缺陷，但仍能保证安全运行。

二类线路，技术状况基本良好，个别部件有严重缺陷，但经过运行考验，仍能基本上保证安全运行。

三类线路，技术状况不好，普遍存在较严重的缺陷，或事故频繁。

一类、二类线路统称为完好线路，完好线路与线路总数的比值称为设备完好率。线路完好率要求达到95%以上。

97．运行单位技术人员应建立哪些资料？

答：运行单位技术人员除应具备有关线路设计、施工的技术资料外，还应包括下列内容：

(1) 线路缺陷记录；

(2) 线路检修记录；

(3) 导线连接器试验记录；

(4) 接地电阻测定记录；

(5) 交叉跨越记录；

(6) 事故障碍及异常运行记录；

(7) 线路预防性检查试验记录；

(8) 绝缘子测定分析统计表；
(9) 线路污秽地段测试及分区记录；
(10) 防洪设施检查记录。

98. 架空线路防雷工作应建立哪些资料？

答：架空线路防雷工作应建立下列资料：

(1) 架空输电线路防雷接线图；
(2) 配电系统防雷装置布置图；
(3) 架空线路雷击闪络记录；
(4) 架空线路雷害事故原因及分析记录；
(5) 配电变压器雷击损坏情况、原因记录；
(6) 避雷器试验及检修记录；
(7) 接地装置检查及接地电阻测量记录。

99. 新建架空线路运行前需进行哪些检查和测试？

答：新建架空线路运行前应组织施工、验收单位重新进行一次检查，检查导线对地、距建筑物及交叉跨越距离等是否符合规定，必要时可进行一次运行前的检修。

检查新架线路相序是否符合设计要求，与变电所出线相序是否一致，并进行定相。

在额定电压下，对空载线路进行三次合闸试验，充电运行72h。

100. 对杆塔螺栓穿入方向有何规定？

答：杆塔螺栓的穿入方向应遵守下列规定。

(1) 立体结构：水平方向者由内向外；垂直方向者由下向上。

(2) 平面结构：顺线路方向者由送电侧穿入或按统一规定；横线路方向者两侧由内向外，中间由左至右（面向受电侧）或按统一方向；垂直方向者由下向上。

按以上要求个别不易安装时，可予以变更。

101．拉线安装有哪些规定？

答：拉线安装除设计有要求外，应符合下列规定。

（1）楔形线夹和UT线夹其舌板与拉线应接触紧密，在拉线受力情况下应无滑动现象，钢绞线的端头应装设在非受力面一侧。

（2）钢绞线端头露出的规定：上端头为300mm，可用直径不小于2.0mm单股镀锌铁线绑扎，下端露出应为500mm，可用直径不小于3.2mm单股镀锌铁线绑扎。上下端绑扎长度一般为50mm。

（3）拉线的交叉处不得互相摩擦。

（4）同组拉线使用两个线夹时，其线夹尾端的方向应统一。

（5）UT线夹的螺杆必须露出螺母，并留有不少于1/2螺杆的螺纹长度以供调整。

（6）UT线夹应考虑安装防盗螺帽。

102．架空线路导线相序排列应遵守哪些原则？

答：导线相序的排列应遵守下列原则：

（1）水平排列时，面向负荷侧，自左至右A、B、C；

（2）三角排列时，面向负荷侧，按顺时针自左至右A、B、C；

（3）垂直排列时，自上而下B、A、C。

在因杆塔形式特殊时，以导线不交叉为原则，相序可做变动，但必须标明相序色。220kV及以上线路，110kV、220kV双回路铁塔导线的相序排列按设计规定。

103. 采用分裂导线的目的是什么？在安装时有什么要求？

答：采用分裂导线的目的是为了增加导线的载荷量，减少电晕产生的损耗。

相分裂导线同相各线弛度应力求一致。相分裂导线的弛度误差除满足一般要求外，同相导线水平排列时，导线间误差应不超过80mm，垂直排列的分裂导线其间距误差应不超过+80mm和-50mm。

分裂导线的间隔棒或其结构面应与导线垂直，杆塔两侧第一组间隔棒的安装距离误差不大于±1.5%，其余不大于3%。各相间隔棒的安装位置宜互相一致。

104. 什么是电晕现象？有何危害？怎样防止电晕现象的发生？

答：在带电的高压架空电力线路中，导线周围产生电场，如果电场强度超过了空气的击穿强度时，就使导线周围的空气电离而呈现局部放电现象，这就是电晕现象。

电晕的产生，将造成有功功率的损耗，同时还使附近的无线电和通信线路受到干扰。

电晕的产生除与电压及自然条件有关外，还与导线直径、线间距离有关。为避免电晕现象的发生，可采取加大导线直径和线间距离的方法，以提高产生电晕的临界电压。一般加大线间距离的效果并不显著，反而增加线路的杆塔费用。一般情况下，采用增大导线直径的方法效果较为显著，常用的方法是更换粗导线、使用扩径导线或采用分裂导线。

三、电力系统及配电线路

105. 有一基电杆，拉线高为 10m，试计算电杆与拉线间的夹角分别为 45°、60° 时拉线长各为多少？

答：45° 拉线长 =10×1.41+0.5=14.6m
60° 拉线长 =10×1.16+0.5=12.1m

106. 拉线棒与拉线盘安装时有何规定？

答：拉线棒与拉线盘安装时，要求拉线棒与拉线在一条直线上，拉线棒与拉线盘上平面垂直，拉线棒露出地面 300±50mm。拉线棒应露出地面 200mm，而且埋地部分应采取防腐，拉线盘埋深应符合设计要求，其中心与中心桩之间横顺线路的允许误差均应不大于 100mm。回填土应分层夯实，每层厚度不大于 300mm，并留有 300mm 的防沉层。

107. 瓷绝缘子老化通常有哪些原因？

答：运行中的绝缘子老化主要是因电晕、滑闪放电甚至击穿或部分受损引起的，过电压下，绝缘子老化受损是由于胶装不良、釉面损伤、潮气进入瓷体内部等原因造成的。经过一定时间运行，绝缘子老化，机械性能、电气性能降低的原因是：构成绝缘子各部分的温度膨胀系数不同，外部的机械负荷不同和电瓷在生产过程中产生内应力使绝缘子内部及表面产生许多细碎裂纹。

108. 什么是零值瓷瓶？有什么危害？如何防止？

答：由于每个绝缘子的绝缘电阻和分布电容不同，所以，送电线路的绝缘子串的电压分布也不同，一般靠近导线及构架的绝缘子承受的电压最高。若某个绝缘子承受的电压较正常时低 50% 以上，则称该绝缘子为零值绝缘子或低值绝缘子。

线路上零值绝缘子的存在,提高了其他正常绝缘子的电压分布,降低了绝缘水平,容易发生闪络事故,甚至会造成整串绝缘子的击穿。

为了防止零值绝缘子引起的系统事故,应按规定的周期进行零值绝缘子的检测,一旦发现零值绝缘子,应立即更换。

109. 为什么高压线路耐张杆上的绝缘子比直线杆多一片?

答:直线杆上的绝缘子是垂直向下的,只承受导线的重量,而耐张杆上的绝缘子是水平方向的,不仅承受导线的重量,并承受施工及运行中的应力,损坏的机会比直线杆上的绝缘子大得多,所以规定耐张杆上的绝缘子多加一片。

110. 什么是根开?什么是迈步?

答:当杆塔采用双杆、三连杆、四脚铁塔时,两杆中心连线之间的距离称为根开,其中包括铁塔对角线与塔脚中心间的距离。

迈步是指结构在线路中心线垂直面内的扭转。

111. 导线振动是怎样形成的?

答:导线振动的形成主要是由于导线在空气中受到横线路方向速度不大的空气流的作用,在导线背面形成周期性的空气涡流所造成的。由于涡流的形成和消失,伴随着微弱的空气振荡,这种振荡使导线交变地时上时下的运动。当空气动力的冲击频率与拉紧导线的弹性系中某一固有频率相同时,就产生了导线的振动。

112. 导线振动有什么危害?

答:导线周期性的振动会造成线夹端口部分导线的疲劳折断,甚至造成金具、铁塔构件损坏,螺栓松动,绝缘子胶装部分破碎等一系列事故的发生。

113. 为什么靠近终端杆或耐张杆导线断线时它承受张力最大？

答：导线耐张段中间断线时，由于耐张段中有转动横担、悬垂释放线夹，悬式绝缘子串起到了缓冲作用，减小了断线张力对终端杆或耐张杆的影响，当断线位置靠近终端杆或耐张杆时，它承受的断线张力最大，等于断线前的导线拉力。在断线的瞬间冲力是相当大的，因此断线时必须逐渐放松导线并安装必要临时拉线，以防止倒杆。

114. 配电线路的检修工作如何分类？

答：配电线路的检修工作一般可分为四类：

（1）维修　为了维持配电线路及附属设备的安全运行和必须的供电可靠性而进行的工作，称为维修。

（2）大修　为了提高设备的安全水平，使配电线路及其附属设备电气性能和机械性能恢复到原设计要求而进行的检修，称为大修。

（3）改进工程　为提高配电线路的供电能力，改善系统接线而进行的增建或撤除等改进工作。

（4）事故抢修　由于自然灾害，如地震、洪水、冰雹、暴风雨、覆冰及外力破坏等所造成的配电线路的倒杆、杆塔倾斜、断线、金具或绝缘子脱落和混线、接地等停电事故，需要迅速进行的抢修工作。

115. 线路大修及改进工程主要包括哪些内容？

答：线路大修及改进工程主要包括以下内容：

（1）根据防汛、防污等反事故措施而调整线路的路径；

（2）更换或补强线路杆塔及其部件；

（3）更换或修补导线、避雷线并调整弛度；

(4) 更换绝缘子或为提高线路绝缘水平而增加绝缘子；
(5) 改善接地装置；
(6) 杆塔基础加固；
(7) 更换或增装防振装置；
(8) 杆塔金属部件的防锈刷漆；
(9) 处理不合理的交叉跨越。

116. 如何编制配电线路的检修计划？

答：一般是每年第三季度编制下年度的检修计划。编制的依据，除按上级有关指示及按大修周期确定的工作外，主要依靠运行人员提供的缺陷资料。然后，根据检修工作量的大小、轻重缓急、检修力量、资金条件、运输力量、检修材料及工具等因素，进行综合考虑，编制材资计划，准备加工的工具、器材图纸、改建方案的设计、检修的组织与技术措施等。根据输配电线路检修的分类要求，将下年的检修工作分为维修、大修及改进工程三类，并按线路名称、检修项目编写检查进度表，报上级批准。

117. 低压配电装置指哪些设备？

答：低压配电装置包括低压用配电柜、无功功率补偿柜、动力配电箱、照明配电箱以及非标准控制箱、屏、台等。

118. 什么是低压电器？其分类与用途有哪些？

答：低压电器是在500V以下的供配电系统中对电能的生产、输送、分配与应用起着转换、控制、保护与调节等作用的电气改备。它广泛应用于发电、输电、配电等场所以及电气传动与自动控制等设备中。

低压电器通常分为配电电器和控制电器两大类。配电电器是指断路器、熔断器、万能开关和转换开关；控制电器是指接触器、控制继电器、启动器、主令电器、电阻器、变阻器和电磁铁。

断路器：用于交流、直流线路的过载、短路或欠压保护，也可用作不频繁的操作电路。

熔断器：用于交流、直流线路、设备的短路和过载保护。

万能开关：用作电路隔离，也能分断与接通电路电流。

转换开关：主要用作两种及以上电源或负载的转换和断通电路。

接触器：用作远距离频繁地启动或控制交流、直流电动机及接通分断正常工作的主电路和控制电器。

控制继电器：在控制系统中，用于控制其他电器或作主电路的保护。

启动器：用作交流电动机的启动或正反向控制。

控制器：用于电气控制设备中转换主回路或励磁回路的接法，以达到电动机的启动、换向和调速。

主令电器：用作接通、分断控制电路，以发布命令或用作程序控制。

电阻器：用作改变电路参数或变电能为热能。

119. 低压熔断器的作用是什么？如何选用？

答：低压熔断器是一种保护电器。当电流超过规定值并经一定时间后，熔体便会熔化，断开所接入的电路，对电路和设备起保护作用。

熔断器的选用要点可从三个方面来考虑：

（1）根据使用场合的短路电流大小，选用不同结构形式与相应分断能力的熔断器。

（2）作为电动机保护用的熔断器，应考虑电动机的启动电流。一般熔断器的额定电流为电动机额定电流的2~2.5倍。

（3）选用 RS 快速熔断器对硅半导体器件作保护时，一般熔断器的额定电流为器件电流的1.57倍，在电气传动系统中取0.8~1倍。

120. 选用低压断路器应注意哪些问题？

答：选用低压断路器要点如下。

（1）断路器的额定电压要大于线路额定电压。

（2）断路器的额定电流与过电流脱扣器的额储电流大于线路计算负荷电流。

（3）断路器的额定短路通断能力大于线路中最大短路电流。

（4）断路器的欠电压脱扣器额定电压等于线路额定电压。

（5）选择电动机保护用的断路器时，要考虑电动机的启动电流。断路器应该在电动机启动时间内不动作。鼠笼式异步电动机的启动电流按8~15倍额定电流计算。

（6）漏电保护器需选择合理的漏电动作电流和漏电不动作电流，并注意能否断开短路电流。如不能断开短路电流，则需和适当的熔断器配合使用。

121. 自动空气开关有何特点？安装和使用时应注意什么？

答：自动空气开关是配电线路及电动机控制和保护中一种重要的电气设备。它主要由绝缘底、灭弧室、触头、操作机构及脱扣器等组成。操作机构能使开关快速动作。热脱扣器起热继电器的过载保护作用，电磁脱扣器起熔丝的短路保护作用。自动开关有较完善的保护装置，它既有过载和欠压、失压保护，也有短路保护，但结构复杂。

自动开关应按规定垂直安装在不易受震动的地方。灭弧室应位于其上部。有的开关在闭合时已脱扣，必须再扣好后才能进行重合闸。

122. 交流接触器的工作原理是什么？

答：交流接触器主要是用电磁铁带动动触头与静触头闭合和分离，实现接通和切断电路的目的。

交流接触器电磁铁线圈接于控制电路中，当线圈通电后，产生电磁吸力，使动铁芯吸合，带动动触头与静触头闭合，接通主电路；若线圈断电后，线圈的电磁吸力消失，在复位弹簧作用下，动铁芯释放，带动动触头与静触头分离，切断主电路。

123. 为什么要合理选择变压器？选择的原则是什么？

答：电力变压器空载运行时，需要较大的无功功率，这些无功功率均由电力系统供给。如果电力变压器容量选择过大，不但增加了初投资，而且使变压器长期处于空载或轻载运行，使空载损耗的比重增大，功率因数降低，电网损耗增加。因此必须合理选择变应器的容量。

选择变压器的原则是：

（1）变压器的额定容量应能满足全部用电负荷需要，也就是说，不能使变压器长期处于过负荷状态下运行；

（2）变压器容量不宜过大或过小，对于具有两台及以上变压器的变配电所，应考虑其中一台变压器有故障时，其全变压器的容量应能满足一级、二级负荷需要；

（3）选用变压器容量种类应尽量少，以达到运行灵活、维修方便等目的；

（4）变压器经常用电负荷应以变压器额定容量的 70%~90% 为宜。

124. 低压线路接线方式的特点是什么？

答：低压线路接线方式与高压配电线路接线方式相同，也有放射式、树干式和环形接线等基本接线方式。

(1) 放射式：引出线发生故障时互不影响，供电可靠性较高，但有色金属消耗较多，使用的开关设备较多，系统灵活性较差。

(2) 树干式：系统灵活性好，使用的开关设备少，消耗的有色金属少，但干线发生故障时影响范围大，供电可靠性较低。

(3) 环形接线：供电可靠性较高，任一段线路的故障和检修都不致造成供电中断，并且可减少电能损耗和电压损失。但保护装置比较复杂，处理不当，将会因误动作而扩大故障停电范围。

125. 低压架空线路如何接地？

答：在低压接零保护的供电网络中，架空线路的杆线和分支线的终端及沿线，每隔1km处零线都应重复接地。架空线路在进入车间和大型建筑物处，零线也应重复接地。

低压线路零线每一个重复接地装置的接地电阻都应大于10Ω。

126. 如何判断室内线路的故障？

答：室内线路的故障可分为过负荷、短路及开路三种。

(1) 过负荷：其故障特征是有时灯光发红或熔断丝烧断（额定电流较大的熔断器不致烧断）。这时应检查线路是否增加了较大容量的用电器具（如电炉等）。

(2) 短路：其故障特征是当熔断丝接通后立即熔断。

(3) 开路：其故障特征是断点以后的电灯都不亮，而熔断器未断，这时按故障范围可分为总干线开路和分路开路。

127. 电线管路与热水管、蒸汽管同侧敷设时有何要求？

答：当电线管路与热水管、蒸汽管同侧敷设时，应该敷设在热水管、蒸汽管的下面；若安装有困难，只能敷设在这些管子的上面时，应满足以下要求：

(1) 电线管路敷设在热水管下面的，保持 0.2m 距离，敷设在其上面时应保持 0.3m 距离。

(2) 电线管路敷设在蒸汽管下面时，保持 0.5m 距离，敷设在其上面时应保持 1.0m 距离。

128. 怎样设计或计算一般照明线路？

答：设计照明线路时应考虑到：

(1) 支路最高负载容量不大于 15A；

(2) 各支路的灯头数一般不应超过 20 个（一个插座也算作一个灯头）；

(3) 各支路供电半径应在 30m 以内；

(4) 主要房间和次要房间可考虑不同支路供电，如插座数目较多而且比较集中时，可用单一支线供电；

(5) 电热设备应设独立的支线，以缩小事故影响范围，当电热设备的电流在 15A 以上时，插座应加熔断器；

(6) 配电盘由三相供电时，各支路负载应尽可能达到三相平衡；

(7) 支线应按最短的路线敷设，尽量避免绕天花板上凸出的梁及柱子。穿过墙壁的次数应减至最少，不要与工艺设备及水管线、暖气管线等距离过近。

干线布置，可分为两种：放射式和树干式。

支线和干线的功率及电流的计算：

(1) 白炽灯电流计算公式为

$$I = \frac{P}{U}$$

（2）日光灯的电流按上式计算后，再乘以 1.2 即可。

（3）计算照明干线的功率及电流时，还要考虑到利用系数。

（4）当采用三相电源供电时，尽量使三相负载分配均匀。三相负载分配不均匀时，应以最大一相的负载计算干线的功率和电流。

129．如何进行低压动力线、照明线截面的选择？

答：为了保证供电系统能够满足供电的基本要求，导线截面的选择必须符合下列条件：

（1）发热条件；

（2）电压损失；

（3）经济电流密度；

（4）机械强度。

在不同场合，对上述几条要求各有侧重。对于低压动力线，因为负荷电流较大，所以主要应以发热条件来选择截面，然后验算电压损失和机械强度。对于低压照明线，因为对电压质量要求较高，所以应先按允许电压损失条件来选择截面，然后验算其发热条件和机械强度。

130．电力和照明用聚氯乙烯绝缘软线有何特点？

答：电力和照明用聚氯乙烯绝缘软线采用各种不同的铜芯芯线（截面为 0.5~2.0mm^2，芯数有单芯、二芯、三芯、四芯、五芯），绝缘及护套能耐酸、碱、盐和许多溶剂的腐蚀，

能经得起潮湿及霉菌的作用，并具有阻燃性能，同一护套内的芯线制成多种颜色有利于接线操作和区别线路。

131. 为什么在低压电网中普遍采用三相五线制？其中线截面通常选为多少？

答：因为用星形连接的三相五线制可以同时提供两种电压值，即线电压和相电压。它既可供动力负载使用，又可供单相照明使用。如常用的低压电压 380V/220V，就可提供需要电源电压 380V 的三相交流电动机和单相 220V 的照明电源。

中线（蓝色或黑色）截面通常选取相线截面的 60% 左右。绿黄双色线为保护零线。

四、电力电缆

132. 什么是电缆？

答：电缆线路中除去电缆接头和终端头等附件以外的电缆线段部分，通常称为电缆。

133. 什么是电缆的金属套？

答：均匀连续密封的金属管状包覆层称为电缆的金属套。

134. 什么是电缆的铠装层？

答：由金属带或金属丝组成的包覆层，通常用来保护电缆不受外界的机械力作用。

135. 什么是电缆终端？

答：安装在电缆末端，以使电缆与其他电气设备或架空线路相连接，并维持绝缘至连接点的装置。

136. 什么是电缆接头？

答：连接电缆与电缆的导体、绝缘、屏蔽层和保护层，以使电缆线路连续的装置。

137. 什么是电缆附件？

答：电缆附件是终端、接头（充油电缆）压力箱、交叉压力箱、接地箱、护层保护器等电缆线路组成部件的统称。

138. 什么是电缆支架？

答：电缆支架是电缆敷设就位后，用于支持和固定电缆装置的统称，包括普通支架和桥架。

四、电力电缆

139. 什么是电缆桥架?

答:电缆桥架由托盘(托槽)或梯架的直线段、非直线段、附件及支吊架等组合构成,用以支撑电缆具有连续的刚性结构系统。

140. 什么是电缆导管?

答:电缆本体敷设于其内部受到保护和在电缆发生故障后便于将电缆拉出更换用的管子有单管和排管两种形式,也称为电缆管。

141. 电缆及其附件到达现场后,如何检查?

答:(1)产品的技术文件应齐全。

(2)电缆型号、规格应符合订货要求。

(3)电缆外观不应受损,电缆封端应严密。当进行外观检查有怀疑时,应进行受潮判断或试验。

(4)附件应齐全,材料质量应符合产品技术要求。

(5)充油电缆的压力油箱、油管、阀门和压力表应符合产品技术要求且完好无损。

142. 如何加工电缆导管?

答:(1)管口应无毛刺和尖锐棱角,管口宜做成喇叭形。

(2)电缆管在弯制后,不应有裂缝和显著的凹瘪现象,其弯扁程度不宜大于管子外径10%;电缆管的弯曲半径不应小于所穿入电缆的最小允许弯曲半径。

(3)对金属电缆管应在外表涂防腐漆或涂沥青,在镀锌管锌层剥落处也应涂以防腐漆。

143. 电缆管明敷时应满足哪些要求?

答:(1)电缆管应安装牢固;电缆管支持点之间的距离应符合设计规定,当设计无规定时,不宜超过3m。

(2) 当塑料管的直线长度超过 30m 时，宜加装伸缩节。

(3) 对于非金属类电缆管，在敷设时应采用预制的支架固定，支架之间固定距离不宜超过 2m。

144. 电缆管直埋敷设应满足哪些要求？

答：(1) 电缆管的埋设深度不应小于 0.7m；在人行道下面敷设时，埋设深度不应小于 0.5m。

(2) 电缆管应有不小于 0.1% 的排水坡度。

145. 电缆敷设前应如何进行检查？

答：(1) 电缆沟、电缆隧道、排管、交叉跨越管道及直埋电缆沟深度、宽度、弯曲半径等符合设计和规程要求。电缆通道畅通，排水良好。金属部分的防腐层完整。隧道内照明、通风符合要求。

(2) 电缆型号、电压、规格应符合设计要求。

(3) 电缆外观应无损伤，当对电缆的外观和密封状态有怀疑时，应进行潮湿判断；直埋电缆与水底电缆应经试验合格。对外护套有导电层的电缆，应进行绝缘电阻试验并合格。

(4) 充油电缆的油压不宜低于 0.15MPa；供油阀门应在开启位置，动作应灵活；压力表指示应无异常；所有管接头应无渗漏油；油样应试验合格。

(5) 电缆放线架应放置稳妥，钢轴的强度和长度应与电缆盘重量和宽度相配合。敷设电缆的机械应检查并调试正常，电缆盘应有可靠的制动措施。

(6) 敷设前应按设计和实际路径计算每根电缆的长度，合理安排每盘电缆，减少电缆接头；中间接头位置应避免设置在交叉路口、建筑物门口、与其他管线交叉处或通道狭窄处。

四、电力电缆

（7）在带电区域内敷设电缆，应有可靠的安全措施。

（8）采用机械敷设电缆时，牵引机和导向机构应调试完好。

146．电力电缆接头的布置应符合哪些要求？

答：（1）并列敷设的电缆，其接头的位置宜相互错开。

（2）电缆明敷时的接头应用托板托置固定。

（3）直埋电缆接头应有防止机械损伤的保护结构或外设保护盒。位于冻土层内的保护盒，盒内宜注以沥青。

147．电缆标志牌的装设应符合哪些要求？

答：（1）生产厂房及变电站内应在电缆终端头、电缆接头处装设电缆标志牌。

（2）城市电网电缆线路应在下列部位装设电缆标志牌：

① 电缆终端及电缆接头处；

② 电缆管两端，人孔及工作井处；

③ 电缆隧道内转弯处，电缆分支处，直线敷设电缆每隔50~100m。

（3）标志牌上应注明线路编号。当无编号时，应写明电缆型号、规格及起迄地点；并联使用的电缆应有顺序号。标志牌的字迹应清晰不易脱落。

（4）标志牌规格宜统一。标志牌应能防腐，挂装应牢固。

148．控制电缆在什么情况下可有接头？

答：（1）当敷设的长度超过其制造长度时；

（2）必须延长已敷设竣工的控制电缆时；

（3）当消除使用中的电缆故障时。

满足上述要求后，控制电缆必须连接牢固，并不应受到机械拉力。

149. 制作电缆终端和接头前应满足哪些要求？

答：（1）电缆绝缘状况良好，无受潮；塑料电缆内不得进水；充油电缆施工前应对电缆本体、压力箱、电缆油桶及纸卷桶逐个取油样，做电气性能试验，并应符合标准。

（2）附件规格应与电缆一致；零部件应齐全无损伤；绝缘材料不得受潮；密封材料不得失效；壳体结构附件应预先组装，清洁内壁；试验密封，结构尺寸符合要求。

（3）施工用机具齐全，便于操作，状况清洁，消耗材料齐备，清洁塑料绝缘表面的溶剂宜遵循工艺导则准备。

（4）必要时应进行试装配。

150. 电缆的防火阻燃措施有哪些？

答：（1）在电缆穿过竖井、墙壁、楼板或进入电气盘、电气柜的孔洞处，用防火堵料密实封堵。

（2）在重要的电缆沟和隧道中，按设计要求分段或用软质耐火材料设置阻火墙。

（3）对重要回路的电缆，可单独敷设于专门的沟道中或耐火封闭槽盒内，或对其施加防火涂料、防火包带。

（4）在电力电缆接头两侧及相邻电缆2~3m长的区段施加防火涂料或防火包带。必要时采用高强度防爆耐火槽盒进行封闭。

（5）按设计采用耐火或阻燃型电缆。

（6）按设计设置报警和灭火装置。

（7）对防火重点部位的出入口，应按设计要求设置防火门或防火卷帘。

（8）在改建、扩建工程施工中，对于贯穿已运行的电缆孔洞、阻火墙，应及时恢复封堵。

四、电力电缆

151. 电缆的阻燃防火材料必须具备哪些质量资料？

答：(1) 有资质的检测机构出具的检测报告；

(2) 出厂质量检验报告；

(3) 产品合格证。

152. 如何封堵电缆孔洞？

答：在封堵电缆孔洞时，封堵应严实可靠，不应有明显的裂缝和可见的孔隙，堵体表面平整，孔洞较大者应加耐火衬板后再进行封堵。电缆竖井封堵应保证必要的强度。有机堵料封堵不应有漏光、漏风、龟裂、脱落、硬化现象；无机堵料封堵不应有粉化、开裂等缺陷。

153. 电缆在交接、验收时应怎样进行检查？

答：(1) 电缆型号、规格应符合设计规定；排列整齐，无机械损伤；标志牌应装设齐全、正确、清晰。

(2) 电缆的固定、弯曲半径、有关距离和单芯电力电缆的金属护层的接线等符合规定；相序排列应与设备连接相序一致，并符合设计要求。

(3) 电缆终端、电缆接头及充油电缆的供油系统应固定牢靠；电缆接线端子与所接设备端子应接触良好；互联接地箱和交叉互联箱的连接点应接触良好可靠；充有绝缘剂的电缆终端、电缆接头及充油电缆的供油系统不应有渗漏现象；充油电缆的油压表整定值符合技术要求。

(4) 电缆线路所有应接地的接点应与接地极接触良好，接地电阻值应符合设计要求。

(5) 电缆终端的相色应正确，电缆支架等金属部件防腐层应完好。电缆管口封堵应严密。

(6) 电缆沟内应无杂物，无积水，盖板齐全；隧道内应无杂物,照明、通风、排水等设施应符合设计要求。

(7) 直埋电缆路径标志应与实际路径相符。路径标志应清晰、牢固。

(8) 水底电缆线路两岸、禁锚区内的标志和夜间照明装置应符合设计要求。

(9) 防火措施应符合设计,且施工质量合格。

154. 电缆桥架的种类有哪些?

答:电缆桥架的种类有钢制电缆桥架、铝合金制电缆桥架和玻璃钢(玻璃纤维增强塑料,简称玻璃钢)制电缆桥架。最常用的是钢制电缆桥架,铝合金制电缆桥架和玻璃钢制电缆桥架在个别工程中也有应用。

155. 为什么不可以笔直地敷设电缆?

答:电缆敷设时不能笔直,各处均会有大小不同的蛇形或波浪形,完全能够补偿在各种运行环境温度下因热胀冷缩引起的长度变化。因此,要求在可能的情况下,终端头和接头附近留有备用长度,为故障的检修提供方便。

156. 放电缆时为什么从电缆盘的上端引出?

答:电缆从电缆盘的上端引出可以减少电缆碰地的机会,且人工敷设时便于施工人员拖拽。实际放电缆时都是这样做的。

157. 机械化敷设电缆的速度过快有什么危害?如何预防?

答:机械化敷设电缆的速度过快会出现下列问题:

(1) 电缆容易脱出滑轮;

(2) 造成侧压力过大损伤电缆;

(3) 拉力过大超过允许牵引强度。

在机械化敷设电缆时,应将敷设速度控制在一定范围内，高压电缆敷设速度应适当放慢。

158．桥梁上如何敷设电缆？

答：(1) 木桥上的电缆应穿管敷设。在其他结构的桥上敷设的电缆，应在人行道下设电缆沟或穿入由耐火材料制成的管道中。在人不易接触处，电缆可在桥上裸露敷设，但应采取避免太阳直接照射的措施。

(2) 悬吊架设的电缆与桥梁架构之间的净距不应小于0.5m。

(3) 在经常受到震动的桥梁上敷设的电缆，应有防震措施。桥墩两端和伸缩缝处的电缆，应留有松弛部分。

159．电力电缆的基本构造是怎样的？如何分类？

答：电力电缆是由电缆芯、绝缘层和保护层三部分组成。

(1) 电缆芯：其作用是传导电流。它一般由多股的铜线或铝线绞合而成，这种电缆比较柔软，易弯曲。电缆断面有圆形、半圆形、扇形等多种形状。

(2) 绝缘层：其作用是使电缆芯间、电缆芯与保护层之间互相隔开、互相绝缘。绝缘层分为相绝缘和带绝缘两种形式。相绝缘是对每个线芯的绝缘，带绝缘是将多芯电缆的绝缘线芯合在一起，然后统一施加的绝缘层。它既可使线芯相互绝缘，又可与保护外皮隔开。

(3) 保护层：其作用是为了在运输、敷设和运行过程中不受外力损伤和防止水分浸入。电缆保护层分为内保护层和外保护层两部分。内保护层直接挤包于绝缘上，防止绝缘与空气、水分或其他物质接触。外保护层常见的有铅包、铝包和聚氯乙烯包三种。无论是内保护层还是外保护层，都要求有足够的机械强度,防止外力损伤。

电力电缆按不同的用途和不同构造可以分类如下:

(1) 根据额定电压可分为高压电缆和低压电缆两种;

(2) 接电缆芯和材质可分为单芯、双芯、三芯及四芯的铜芯电缆或铝芯电缆;

(3) 按电缆的绝缘可分为:油浸纸绝缘电缆、塑料绝缘电缆和橡胶绝缘电缆;

(4) 按构造分为:统包型电缆、屏蔽型电缆及分相铅包型电缆。

160. 敷设电缆应符合哪些规定?

答:敷设电缆应符合下列规定:

(1) 直埋地下电缆的敷设:1kV 及以下的电缆,在无直接机械损伤及化学侵蚀的情况下,可以使用无铠装的电缆;1kV 以上的电缆线路,应采用铠装电缆。

(2) 水底电缆的敷设应采用钢丝铠装,在不通航的河道内,如果拉力不大,可使用钢带铠装电缆。

(3) 电缆由地下引出地面,地面上 2m 一段必须采用金属管或硬塑料管加以保护,也可以用保护罩加以保护。值得注意的是,金属管、硬塑料管或保护罩的根部埋入地下部分一段不得小于 0.25m。

(4) 电缆的金属外皮和金属电缆头以及保护管均需可靠接地。

161. 电力电缆直接埋入地下时有何具体要求?

答:直接埋入地下的电力电缆应在电缆的上面和下面垫一层 100mm 厚无杂质的沙土作为垫层。电缆必须波状敷设,电缆埋设深度自电缆顶部至地面一般为 0.7~1.0m。10kV 以下的电缆,相互间距离应保证 100mm 以上。敷设完毕后,

四、电力电缆

必须沿电缆全长铺盖水泥板或砖，以防机械损伤。水泥板的覆盖宽度应超过电缆直径两侧50mm，最后用土把沟填满。

电缆引入建筑物、与地下建筑物交叉以及绕过地下建筑物处，有金属保护管时，埋深可减至0.5m；当电缆穿过公路、广场等处时必须穿保护管，其埋深不应小于1.0m；电缆距排水沟底部不应小于0.5m，在必要的情况下，可适当增加埋深到1.0~1.5m。

电缆直接埋入地下的敷设长度应比电缆沟长出1.0%~1.5%，波状敷设，不得拉紧拉直。同沟敷设电缆时，不得重叠、交叉、扭绞。同沟敷设高压电缆和低压电缆时，应遵循低压电缆在上，高压电缆在下的原则。

162. 直埋电缆与其他地下设施的安全距离是多少？

答：直埋电缆与其他地下设施的安全距离要求如下：

（1）电缆与电缆交叉时，交叉垂直距离应不能小于0.5m。电缆在交叉点前后1m范围内，如用隔板隔开时，垂直距离可减至0.25m，如穿入管中时不作规定。

（2）电缆与地下热力管道（包括石油管道）交叉时，一般要求热力管道（或石油管道）在上，电缆在下，并在交叉点前后1m范围内将电缆用水泥管或采用其他办法加以保护，并要将热力管用隔热材料包扎，使交叉点附近的土壤温度不超过10℃。在此前提下，其交叉距离应在0.5m以上。

（3）电缆与其他管道（水管、煤气管等非热力管道）交叉时，交叉处的垂直距离不得小于0.5m，如在交叉点前后1m内穿保护管，交叉距离可减至0.25m。

（4）电缆与排水沟交叉时，电缆距排水沟底的距离不得小于0.5m，同时保护管应伸出排水沟底边宽1m。

(5) 电缆与城市街道、公路或铁路交叉时，应敷设于管中或隧道中，管的内径不应小于电缆外径的 1.5 倍，且不得小于 100mm。管顶距路轨或公路路面的深度不应小于 1.0m，距城市街道路面的深度不应小于 0.7m。

163. 电缆头有哪几种？对电缆头的基本要求是什么？

答：电缆头分为中间接头和终端头两种。

对于电缆头，不论是中间接头，还是终端头，在电力电缆线路中，都必须符合以下基本要求：

(1) 保证良好的密封性。电缆头如果密封不好，就会发生漏油、受潮或进水等现象，使电缆的绝缘性能降低。

(2) 保证电缆头的绝缘强度，使之不低于电缆本身的绝缘强度。

(3) 保证电缆芯相间及对地的距离，以避免短路或击穿。

(4) 保证电缆头与电缆芯接触良好，且接头电阻不得大于电缆同一长度电阻的 1.2 倍。

(5) 接头要有足够的机械强度和抗拉强度，其抗拉强度一般应不小于缆芯抗拉强度的 70%。

(6) 电缆头及接头的外壳与电缆铠装钢带及铅（铝）皮均应良好接地。

164. 为什么电缆要使用电缆头和电缆接头？

答：电缆在敷设时，要和电气设备或线路连接，或电缆与电缆连接，这时就要求把电缆里的电缆芯端头剥切出来，这样就完全破坏了电缆原来的密封性能和绝缘强度。如果不使用电缆头和电缆接头，就会发生漏油、受潮、进水或受腐蚀等现象，使电缆绝缘强度降低，发生短路或击穿，甚至造

四、电力电缆

成重大事故。因此,电缆必须使用电缆头和电缆接头。

165. 敷设电力电缆时,应在地面何处设置电缆标志?

答:敷设电力电缆时,应在以下地面各处设置电缆标志:

(1) 中间接头处;

(2) 电缆转弯处;

(3) 长度超过500m的直线段中间点附近。

166. 电缆沿墙和建筑物敷设时,相互间距离是如何规定的?

答:电缆沿墙和建筑物敷设时,相互间的距离规定如下:

(1) 同电压等级电缆相互间的净距离为35mm,但要求不小于电缆外径;

(2) 1kV以上与1kV以下电缆间的净距离为150mm;

(3) 1kV及以下电缆与照明线路间的净距离为100mm,1kV以上电缆与照明线路间的净距离为150mm。

167. 电缆沿墙壁、构架、天花板等处敷设时,应在哪些位置设置电缆支架?

答:根据有关规定,应在以下地方设电缆支架:

(1) 在垂直或超过45°的倾斜面上敷设电缆时,应在所有的支持点上设置电缆支架;

(2) 在水平敷设线路的直线段两端点设置电缆支架;

(3) 在电缆线路转弯的两端点上设置电缆支架;

(4) 在电缆接头处的接头两侧支持件上设置电缆支架;

(5) 在电缆终端盒的盒前端设置电缆支架;

(6) 在伸缩交叉处,沿缝的中心线两侧0.75~1.0m处设置电缆支架。

168. 悬挂电力电缆时，其固定点间的距离如何规定？

答：电力电缆被悬挂在钢索上时，固定点间距离应在 0.75m 以内；沿支持物敷设电力电缆和在用支架水平敷设电力电缆时，固定点间距离应在 1.0m 以内；垂直敷设电力电缆时，固定点间距离应在 1.5m 以内。

169. 电缆沟内部最小尺寸应符合哪些要求？

答：在电缆沟中敷设电缆时，要求电缆沟内部尺寸必须满足电缆正常运行。因此，对电缆沟内部最小尺寸要求如下。

（1）电缆沟内一面安装电缆支架时，支架到对面电缆沟壁的水平净距离为 450mm；

（2）电缆沟内两面安装电缆支架时，支架间的水平净距离是 500mm；

（3）电缆架各层之间的垂直净距离为：10kV 及以下电力电缆为 150mm，35kV 为 200mm，110kV 为小于两倍的电缆外径加上 50mm，控制电缆为 100mm；

（4）电力电缆间水平净距离为 35mm，但不能小于电缆外径。

170. 电力电缆的试验项目及试验标准是什么？

答：试验项目及标准具体如下。

（1）测量绝缘电阻。

① 对于 1kV 及以下的电缆采用 1000V 摇表，绝缘电阻不能低于 $10M\Omega$；

② 对于 1kV 以上的电力电缆采用 2500V 摇表。具体来说，对于 1~3kV 电力电缆，绝缘电阻不能低于 $200M\Omega$；

对于 6～10kV 电力电缆，绝缘电阻不能小于 400MΩ；对于 35kV 电力电缆，绝缘电阻不能小于 600MΩ。

(2) 直流耐压试验。

对于油浸纸绝缘电缆：

① 额定电压为 35kV 的，试验电压为 140kV；

② 额定电压为 10kV 的，试验电压为 50kV；

③ 额定电压为 6kV 的，试验电压为 30kV；

④ 额定电压为 3kV 的，试验电压为 15kV。

油浸纸绝缘电缆的预防性试验持续时间为 5min。

对于塑料电缆：

① 额定电压为 35kV 的，试验电压为 85kV；

② 额定电压为 10kV 的，试验电压为 25kV；

③ 额定电压为 6kV 的，试验电压为 15kV。

塑料电缆试验持续时间为 5min。

对于 1kV 以下的电缆，一般不作耐压试验。

(3) 测量泄漏电流。

在作直流耐压试验的同时，用接在高压侧的微安表测量泄漏电流，接线时高压引线和微安表要加屏蔽。

一般 35kV 的电缆，试验电压的泄漏电流约为 85μA，10kV 的电缆试验电压的泄漏电流为 50μA，6kV 的电缆试验电压的泄漏电流为 30μA，3kV 的电缆试验电压的泄漏电流为 20μA。

171．如何对电缆进行试验和参数测定？

答：对电缆的绝缘电阻，可直接用摇表测得。

对于电缆的直流耐压和泄漏电流的试验，可用直流耐压试验器（如 TDM-2.5/60）测定。测定前必须对被测试的电缆进行放电，而且放电时间不得小于 2min。

对于单芯电缆进行耐压试验时，应将电缆的外皮接地，在电缆线芯上加电压试验；对三芯电缆缆芯与外皮进行耐压试验时，应在一相电缆芯上加电压，而其他两相缆芯应和外皮一起接地；进行三芯电缆缆芯间的耐压试验时，电压应加在被试验的两相线芯上，另一相缆芯与外皮一起接地。

对电缆进行耐压试验时，不能使试验电压升高得太快，升压速度可掌握在 1~2kV/s，而且必须分别在 0.25 倍、0.5 倍、0.75 倍和 1 倍试验电压时各停 1min，读取泄漏电流值。另外还要掌握耐压试验时间；对于交接试验，油浸纸绝缘电缆为 10min，塑料电缆和充油电缆为 15min，预防性试验的耐压时间为 5min。

在试验中，若发现泄漏电流不稳定、泄漏电流随电压升高而急剧上升或泄漏电流随时间延长有上升趋势时，说明绝缘不好，应酌情提高试验电压或延长试验时间，以便进一步找出电缆问题。

最后，对电缆进行直流耐压试验后，必须进行放电。放电的方法是先让电缆通过本身的绝缘电阻放电 2min，然后再经过 100~200kΩ 的电阻放电二三次，最后再直接接地。这样做是为了避免直接短路放电时所产生的振荡电压，避免损坏电气设备或造成事故。

172. 如何判别电力电缆的相色标志？

答：按照我国的电力规程规定：相色是黄色表示 A 相，绿色表示 B 相，红色表示 C 相，黑色表示零线，绿黄双色线为保护零线。但有的电缆在线芯绝缘层和外层纸带上印有 1、2、3 等数字，用来表示不同的线芯，也有的电缆是用颜色表示不同线芯的。因此，在做完电缆头后，应在电缆两端相对应的线芯上包一层同色的塑料带或用不同颜色的漆，把电缆

四、电力电缆

芯分为黄、绿、红、黑等颜色,统一相色,便于识别。

173. 为什么具有金属护层及铠装的三相电力电缆不能作为一相使用?

答:把具有金属护层及铠装的三相电力电缆作为一相使用是不允许的。因为三相缆芯通过一相电流将在金属护层中产生感应环流,这相当于电阻极小的电流互感器。如果金属护层、铠装一端接地,在另一端将感应很高的电压,使电缆头绝缘受到损伤;如果两端接地,将产生纵向环流。另外,一相电流还将在金属护层及铠装部分产生涡流。这样,由于电流的热效应,将会使电缆的温度急剧上升,最终导致绝缘热击穿。

174. 为什么不允许电缆过负荷运行?

答:电缆过负荷运行,会使电缆线路事故率增大,同时也会缩短电缆的使用寿命。电缆过负荷时的电流大小和作用时间长短的不同,对电缆危害的程度大小也不一样。在电缆线路设备上,因电缆过负荷反映出的损坏部件事故可以分为以下几类:

(1) 造成导线接点的损坏或是造成终端头外部接点的损坏。

(2) 加速绝缘的老化。

(3) 使金属铅包发生龟裂现象,或使整条电缆铅包膨胀,在铠装缝隙处裂开。

(4) 使电缆终端头和中间接头盒因沥青、绝缘胶膨胀而胀裂。

175. 常见的电缆故障有哪些?怎样对其进行处理?

答:电缆常见故障按其性质可分为以下几类。

（1）短路性故障。一般有两相短路和三相短路，此类故障大多是由于制造过程中留下的隐患造成的。

（2）接地性故障。它是指电缆某一缆芯或多缆芯对地发生击穿。绝缘电阻低于 10kΩ 时，称为低阻接地，绝缘电阻高于 10kΩ 时称为高阻接地。这种故障大多是由于电缆受腐蚀、铅皮裂纹、绝缘干枯、接头工艺差和材料等问题造成的。

（3）断线性故障。它是指电缆的某一芯或多芯完全或不完全断裂。这样的故障是因机械损伤、地形变化或者发生短路等造成的。

（4）混合性故障。它是指同时发生两种或两种以上的故障。

一般来说，电缆常易发生故障的地点是在电缆头和中间接线盒。这一方面是因为施工质量差，另一方面是这些地方容易受外力影响。这些故障较易发现，处理也较方便，原则上是绝缘降到一定程度时应降低电压等级使用或报废，如果由于中间接头和终端头短路、接地、断线造成的故障，可视其具体情况进行修理，必要时必须把电缆头切断，重新封端或重新制作中间接线盒。

176．低压五芯电缆的中性线起什么作用？

答：低压电网多采用三相五线制。五芯电缆的中性线要通过三相不平衡电流，用于 220V 负载时，不平衡电流的数值有时是比较大的，故中性线的截面为三相 A、B、C 线芯截面的 30%~60%。

177．电缆的内屏蔽层和外屏蔽层各有什么作用？

答：内屏蔽层就是在导体表面包裹的金属化纸带或半导

体纸带。它是为了使绝缘层和电缆导体有较好接触，消除导体表面不光滑所产生的导体表面电场强度的增加。所谓金属化纸，就是一面贴有 0.014mm 厚铝箔 0.12mm 厚的电缆纸，而半导体纸是在一般电缆纸浆中掺入胶体碳粒所制成的纸。塑料、橡皮绝缘电缆的内屏蔽材料分别为半导电塑料和半导电橡皮。

同样，为了使绝缘层和金属保护有较好的接触，一般在绝缘层外表面均包有外屏蔽层。外屏蔽层的材料与内屏蔽层相同，有时还包扎铜带或编织铜丝带。油浸纸绝缘分相铅包、电缆各芯的铅包，都具有屏蔽电场的作用。为了防止电缆在运行中由于纸膨胀和铅包的膨胀系数不同，造成纸绝缘与铅包间微小的间隙，会产生游离，所以在分相铅包电缆内也加绝缘外屏蔽，使间隙产生于铅包与屏蔽层之间而不能形成游离放电。

178．电缆线路停电后为何短时间内还有电？用什么方法消除？

答：电缆线路相当于一个电容器，当线路运行时，就会被充电，在缆芯上就会积聚大量的电荷。电缆线路停电时，短时间内电荷不能完全释放，如果用手触及，则会使人受电击。

消除的办法是用地线对地放电。

179．电缆配电线路为什么不装重合闸装置？

答：架空线路在运行中有时会遇到临时性故障，也称瞬间性故障，在此情况下，重合闸动作或掉闸后试送电往往较容易成功，而电缆线路的故障多数是永久性故障，在这种情况下，如果采用重合闸或掉闸后试送，则会使事故更加扩大，对电气设备造成不应有损坏，故电缆配电线路一般不装重合闸装置。

180. 电缆线路在运行中应做哪些维护检查工作?

答：电缆线路在运行过程中，应从以下各方面进行维护检查。

(1) 电缆头：套管应清洁无裂纹及破损和放电痕迹，绝缘胶应无熔化流出和渗漏油现象。

(2) 各部接头应牢固，无发热现象。

(3) 地下敷设的电缆线路应经常检查沿线有无挖掘痕迹，线路标志是否完整；有无堆积建筑材料、笨重物件、酸碱性排泄物或砌堆石灰等。

(4) 进入户内的电缆沟口处应堵死，以防小动物或漏水。

(5) 系统发生接地故障时，应检查各部分有无放电痕迹。

(6) 对于户外地面上保护电缆的铁管、沟、槽等，应查看有无腐烂、坍塌现象。

181. 铜芯电缆与铝芯电缆有何差别？在什么情况下应选用铜芯电缆？

答：铜芯电缆与铝芯电缆有以下差别：

(1) 在相同截面积的条件下，铜芯电缆比铝芯电缆的允许载流量增加30%左右；

(2) 铜芯电缆的价格是铝芯电缆的1.4~2.2倍；

(3) 铜芯电缆比铝芯电缆的连接可靠，安全性较高。铝—铜导体连接的接触电阻是铜—铜导体连接接触电阻的10~30倍。

一般情况下应优先选用铝芯电缆，以节约铜材，降低费用。据美国消费品安全委员会(CPCS)统计，在由电气故障引起的火灾事故中，铜芯电缆仅占铝芯电缆的1/55。因此，在下列情况下应选用铜芯电缆：

（1）重要电源或安全性要求较高的重要公共设施使用的电缆；

（2）在振动剧烈、有爆炸危险或对铝有腐蚀的恶劣工件环境下使用的电缆；

（3）耐火电缆　这种电缆应具有在750~1000℃条件下维持通电的能力，铝的熔融温度仅为660℃，而铜的熔融温度可达1080℃。

（4）水下敷设。当工作电流较大需装多根电缆时，采用铜芯电缆可减少根数，从经济性和工期考虑均较为有利。

182．铜芯导线和铝芯导线怎样进行等值换算？

答：（1）截面积相同的铜导线、铝导线载流量的关系。导线载流量主要与导线材质的电阻率、截面积有关，还与敷设方式、环境条件、绝缘材料等因素有关。截面积相同的铜导线、铝导线，由于电阻率不同和其他因素的影响，它们的载流量是不同的。截面积相同的铜导线、铝导线载流量的近似关系为

$$I_{Cu}=1.3I_{Al} \text{ 或 } I_{Al}=0.77I_{Cu}$$

式中　I_{Cu}——铜导线的允许载流量，A；

　　　I_{Al}——铝导线的允许载流量，A。

（2）载流量相同的铜导线、铝导线截面积的关系。由于铜导线、铝导线的电阻率不同和其他因素的影响，在同样负荷电流和允许发热温度条件下，它们的截面积也是不同的。在载流量相同的条件下，铜导线、铝导线截面积的近似关

系为

$$S_{Cu}=0.6S_{Al} \text{ 或 } S_{Al}=1.66S_{Cu}$$

式中 S_{Cu}——铜导线截面积，mm^2；
S_{Al}——铝导线截面积，mm^2。

以上公式也可用铜导线、铝导线的直径表示为

$$d_{Cu}=0.79d_{Al} \text{ 或 } d_{Al}=1.27d_{Cu}$$

式中 d_{Cu}——铜导线直径，mm；
d_{Al}——铝导线直径，mm。

183．引起直埋电缆故障的原因有哪些？

答：引起直埋电缆故障的原因有多种，大致可归纳为以下几类。

（1）机械损伤。有的机械损伤很严重，损坏电缆绝缘，使电缆不能运行；有的机械损伤比较轻微，当时并未造成故障，可能运行数月甚至数年后才会发展成故障。造成电缆机械损伤的主要原因有：

① 敷设电缆时损伤。如敷设时电缆被工具或硬物砸伤、卡伤；施工不当，电缆扭伤；牵引力过大，电缆拉伤；过度弯曲，电缆折伤等。

② 在振动区段和受压区段保护管不良，或未加保护，电缆受震动和外力挤压，造成外部保护层损伤，进而损坏电缆绝缘。

③ 其他外力作用致伤。如装在管口或支架上的电缆外皮擦伤；因基础下沉使电缆错位挤伤；中间接头或终端头施工工艺不良，使内部绝缘胶膨胀而胀裂外壳或电缆保护层，导致绝缘损坏；鼠害、蚁害等。

四、电力电缆

（2）绝缘受潮。绝缘受潮后会引起电缆耐压下降，局部放电而产生故障。造成电缆受潮的主要原因如下。

① 中间接头或终端头因施工工艺不良，密封性能不好而渗进水。

② 中间接头盒或终端盒本身质量不合格，结构不密封而渗进水。

③ 电缆质量有问题，金属护套有小孔或缝隙。

④ 金属护套被外物刺伤或腐蚀穿孔。

⑤ 电缆选型不当，绝缘层被酸、碱等物质腐蚀损坏。

（3）绝缘老化变质。绝缘老化变质会引起电缆耐压下降而引发故障。电缆绝缘老化的主要原因如下。

① 电缆超时限使用，自行老化。

② 电缆过负荷运行，造成电缆过热加速老化。

③ 油浸纸绝缘电缆的绝缘物流失，使绝缘性能降低。

④ 绝缘介质内部的渣质或气隙在电场作用下产生游离和水解，导致绝缘性能下降。

（4）过电压、过电流等。过电压会使有缺陷的电缆绝缘层发生电击穿，引起电缆损坏。引起过电压的主要原因有雷击、误操作等。过电流会造成电缆绝缘老化、电缆过热等，造成电缆损坏。引起过电流的主要原因是线路漏电、设备短路、线路过负荷等。

五、电力电容器

184. 电力电容器的功能是什么？

答：电力系统中的负荷如电动机、电焊机、变压器、感应式电炉等，它们除了消耗有功电力之外，还要吸收无功电力。如果所有无功电力都由发电机供给，不但不经济，而且电压质量低劣，影响用户的使用。

电容器在正弦电压作用下，能"发出"无功电力。如果把电容器并接在负荷或电气设备（如变压器）上同时运行，那么，负荷或供电设备要吸收的无功电力正好由电容器供给。这就是并联补偿。

185. 并联电容器为什么能补偿无功功率？如何计算电容器的补偿容量？

答：电力系统中绝大部分电气设备都是按电磁感应原理工作的，需要的功率是感性无功功率。并联电容器在交流电路中运行时，一个周波内上半周的充电功率与下半周的放电功率相等。这种充电、放电的功率为容性无功功率。由于容性电流矢量超前电压矢量90°，而感性电流矢量滞后电压矢量90°，二者相抵而实现补偿，使电网总的无功功率减小。

集中和分组补偿时，其电容器的补偿容量（Q_C）可用公式确定为

$$Q_C = P(\text{tg}\phi_1 - \text{tg}\phi_2)$$

五、电力电容器

式中 P——最大负荷日的平均有功功率，kW；

$\mathrm{tg}\phi_1$——补偿前功率因数角 ϕ_1 的正切值；

$\mathrm{tg}\phi_2$——补偿后功率因数角 ϕ_2 的正切值。

对于大容量电动机进行个别补偿时，其补偿容量应由公式确定为

$$Q_C \leqslant \sqrt{3}U_e I_o$$

式中 U_e——电动机的额定电压，kV；

I_o——电动机的空载电流，A。

186. 电容器所标的电容和额定容量有什么含义？两者之间有什么关系？

答：电容量是表示电容器储集电荷的能力，通常把单位电压作用下电容器极板上所储集的电荷量定义为电容器的电容量即 $C=q/U$，其计量单位是法拉，简称法，用字母"F"表示，在实际应用中，一般用微法（μF）或皮法（pF）作为单位。

电容器的额定容量又称为电器的额定无功功率，它等于电容器的额定电压和额定电流的乘积，单位用乏耳或千乏耳。电容和容量之间的关系可用下式表示

$$Q = 2\pi f C U^2$$

由此可见，电容器的容量"Q"与电容"C"成正比，与外加电压的平方成正比。

187. 电容器充电、放电时两端的电压为什么不会突变？

答：电容器的充电过程，实质上是电容器极板上电荷积累的过程。当电容器接通电源的瞬间，极板上还来不及积累

电荷,电容器的端电压仍等于零,随着时间的推移,电荷在电场力的作用下逐渐在极板上积累,其端电压随之而上升。当充电电压等于极板上的电压,则充电电流为零,此时充电结束。

在切断电源的瞬间,电容器极板上的电荷来不及释放,此时电容器上的端电压仍等于电源电压。随着极板上的电荷逐渐释放,两极板间的电压随之减小。当电压差等于零时,放电结束。

由此可见,电容器两端的电压是靠电容器极板上的电荷来维持的。电荷变化的过程实际上是两极板间电场能量的积累和释放的过程,而能量的积累和释放需要一定时间。因此,电容器充电、放电时,两端电压不会突变。

188. 无功功率有什么含义?

答:无功功率在电力系统中占有很重要的地位、因为电力系统中有许多根据电磁感应原理工作的设备,如变压器、电动机、电焊机等。它们是感性负载,是依靠磁场来传送、转换能量的,没有磁场,这些设备就不可能工作。而磁场所具有的磁能也是由电源供给的。我们用无功功率来说明电源向感性负载所提供磁场能量的规模。因此发电机必须向感性负载供给一定数量的无功功率。所以,无功功率是电感设备正常工作必不可少的条件。

电动机、变压器等带电感线圈的设备在运行中每时每刻都在进行"电"和"磁"的转换或"电磁能"和"机械能"的转换。在这样转换过程中,建立交变磁场,在一个周波内吸收和释放的功率相等。这种充电、放电功率称为容性无功功率。

感性无功功率的电流向量滞后于电压向量90°,容性无

功功率的电流向量超前电压向量90°，故常用容性无功功率补偿感性无功功率以减少电网无功负荷。也就是大家常说的电动机、变压器"吸收"无功电流而移相电容器"发出"无功电流的道理。

189．对电容器的投入或退出在运行上有哪些要求和规定？

答：对于电容器的投入和退出，必须根据系统无功分布和电压情况及当地电业部门对功率因数的要求来投入或退出。有的地区规定用电设备的功率因数不得低于0.9，也就是在0.9~1不能过补偿。有的地区规定功率因数在0.85~0.9，不能高于0.9，等等。

除了功率因数要求外，还应根据母线的系统电压情况确定其是否退出运行。

190．新装电容器在投入前应做哪些检查？

答：新装电容器在投入前应做如下检查：

(1) 电容器完好不渗不漏，各种电气试验数据均合格。

(2) 电容器一次、二次接线正确，电压应与相接的母线电压相符合，三相电容值之差不超过任意一相总容量的5%。

(3) 电容器外壳接地良好、可靠。

(4) 放电电阻的阻值和容量应符合规程要求并经试验合格。

(5) 与电容器连接的电缆、断路器、熔断器等电气元件应试验合格。

(6) 电容器组的继电保护装置应校验合格、定值正确，并置于投入位置。

(7) 装置有专用接地刀闸者，其刀闸应在断开位置。

191. 采用电容器补偿有何优缺点？

答：采用电容器补偿的优点与调相机相比它本身的有功损耗小、投资少，无旋转部分，维修量小，不要专人值班，安装简单，施工工期短，可分散安装，方便补偿，可自动投切增减补偿容量。

它的缺点是：寿命短，一般为10~15年；无功出力受电压影响大，不利于系统稳定；不允许在110%额定电压以上长期运行；切除后有残余电荷，需放电后才能恢复运行。

192. 装设电容器补偿有哪些方法？各有什么优缺点？

答：装设电容器补偿方法可分为个别补偿、分组补偿和集中补偿三种。

（1）个别补偿：通常用于低压电网。它无功补偿彻底，能减少高低压线路和变压器的无功电流及有功损耗；它的缺点是利用率低、投资大。

（2）分组补偿：它的优点是利用率较高，可根据负载的变动切除或投入电容器组。

（3）集中补偿：它的优点是利用率高，能减少供电设施的无功负载，但不能减少低压网络的无功负载。

193. 为什么不允许电力电容器在电压超过额定电压10%时长期运行？

答：因为电容器的介质损失与电容器所加电压的平方成正比，电容器所加电压越高，它的介质损失越大。长期在超额定电压情况下运行，将使电容器发热，加速绝缘老化，容易造成绝缘击穿。另外在高电场作用下，电容器内部的油浸纸发生局部游离而老化，且电压越高老化越快，寿命越短。所以规程规定，当电网电压长期超过电容器额定电压10%

时,应将电容器退出运行。

194. 为什么电容器的无功容量与外加电压的平方成正比?

答:由于电容器制造好后,其电容是不变的,所以,电容器的容抗 $X_C = \dfrac{1}{2\pi f C}$ 也是不变的 ($f=50\text{Hz}$)。

电容器的无功容量计算公式为

$$Q_C = UI = U\dfrac{U}{X_C} = \dfrac{U^2}{X_C} = 2\pi f C U^2$$

不难看出,公式中只有 U 是个变量,故电容器的无功容量与外加电压的平方成正比。

195. 电容器在运行中容易发生哪些异常现象?

答:电容器在运行中常见故障有:

(1) 外壳鼓肚 主要是内部发生局部放电或过热使浸渍剂游离产生大量气体造成的。发现外壳鼓肚应立即更换。

(2) 温升过高 它是电容器有功损耗增加,即电容器内部有局部放电现象和绝缘老化造成的。发生此种情况时,应注意更换并考虑改善通风散热条件。

(3) 套管及外壳漏油 漏油的电容器不宜再使用,应尽快更换。

(4) 外绝缘放电 可能是套管脏污或有裂纹造成的,应根据具体情况及时处理。

196. 电容器在运行中发出不正常的"咕咕"声是什么原因?

答:电容器在运行中不应该有特殊的声响,出现"咕咕"声说明内部有局部放电现象发生,主要是内部绝缘介质电离而产生空隙造成的,这是绝缘崩溃的先兆,应该停止运行,进行检查处理。

197. 电力电容器损坏的类型有哪些?

答:电力电容器的损坏一般有以下几种类型:

(1) 初期性故障 送电不久就发生损坏。这是由于制造不良存有严重缺陷造成的。

(2) 偶发性故障 运行中由于通风不良、外力破坏,操作过电压和雷击等原因造成电容器损坏。

(3) 磨耗性故障 由于多年运行后绝缘老化、内部游离等造成绝缘强度降低而损坏。

电容器损坏的一般规律为高压多于低压,户外使用多于户内使用,夏季高于其他季节,过电压过载运行高于正常运行,开关操作多的高于操作少的。

198. 电容器的爆炸事故是由哪些原因引起的?

答:(1) 电容器内部元件击穿;

(2) 电容器对外壳绝缘损坏;

(3) 电容器密封不严和漏油;

(4) 电容器外壳鼓肚和内部游离;

(5) 带电荷合闸。

此外,温度过高、通风不良、运行电压过高,电压谐波分量过大或操作过电压等也可引起电容器爆炸。

199. 电力电容器组保护装置的选用原则是什么?

答:电力电容器组保护装置一般应满足以下要求:

(1) 当单台电容器内部发生故障时,应在它未发生爆炸以前将其切除。

(2) 当电容器组的过电流超过最大允许电流即额定电流

的1.3倍时，应发出信号或延时将电容器组从电网切除。

（3）当电容器在110%额定电压以上运行时，应发出信号或延时将电容器组从电网切除。

（4）电容器停电后而未放电前，不允许重新投入运行，因此，电容器组应有失压保护。

（5）电容器组的连线及其他附属设备（放电设备互感器等）发生故障时，应能及时将电容器组从电网切除。

（6）保护装置应能躲开电容器组的合闸涌流而不误动。

200．电容器在运行中开关跳闸如何处理？若查不出故障点，如何处理？

答：电容器运行中若开关跳闸，不能强送，值班人员必须检查保护动作情况，根据保护动作情况来分析判断原因。检查顺序为：在保护回路范围内，检查开关、引线、电流互感器、电力电缆、电容器有无爆炸及严重发热，接头是否过热熔断，套管是否闪络，根据上述情况检查处理。若经检查未发现异常时，可对二次回路进行检查。如果仍没有发现问题，可对电容器逐台试验。

201．电容器组的操作应注意哪些事项？

答：（1）在正常情况下，35kV变电所全所停电操作时，应先拉开电容器开关，后拉开其余各路出线开关。

（2）在事故情况下，全所无电后，必须先将电容器的断路器拉开。

（3）在正常情况下，全所恢复送电时，应先合各路出线开关，后合电容器组的开关。

（4）电容器组开关跳闸时，不能强送，保护熔断丝熔断后，在未查明原因前，不准更换熔断丝送电。

（5）电容器组禁止带电荷合闸，电容器再次合闸时，必须在断开 3min 之后进行操作。

202. 为什么电容器组禁止带电荷合闸？

答：在交流电路中，如果电容器带有电荷时再次合闸，则可能使电容器承受二倍以上的额定电压的峰值，这对电容器是有害的，而且会产生很大的冲击电流，有时会使电容器熔断丝熔断或断路器跳闸。因此，电容器组每次拉闸后，必须随即进行放电（设计接线中已经考虑，不连续合闸即可），两次间隔应在 3min 以上。

203. 电容器组为什么要求各相容量必须相等？

答：因为电容器组保护方式是根据平衡保护原理，即电容器发生故障时电容值发生变化破坏了电容器组的平衡，产生差流或差压而使保护装置动作。如在正常方式下各相电容值不相等，存在差流或差压，使保护定值不容易整定，则定值太小易误动，定值太大，发生故障时灵敏度又不够。所以电容器组各相电容必须相等。

204. 电容器组为什么不允许装设自动重合闸装置？

答：电容器组开关跳闸后，电容器需要一定时间放电。如未放完电，自动重合上开关，就有可能造成电容器中的残存电荷与电网电产生很大的瞬间冲击电流，从而使电容器外壳膨胀、喷油甚至爆炸。所以电容器组不但不允许装自动重合闸，还应装设无压释放装置。

205. 电容器组为什么要装设放电装置？用什么方法进行放电？

答：因为电容器是储能元件，当它断开电源后，其极板上蓄存的电荷要通过本身的绝缘电阻进行自放电。但它放电的速度很慢，不能满足要求，所以必须加装放电装置。

当电压低于 1kV 时，用 220V 的白炽灯泡作为电容器组的放电电阻。

当电压高于 1kV 时，装单独开关的电容器组时，可用电压互感器作为放电电阻。

206．电容器组放电回路为什么不允许装熔断丝或开关？

答：当放电回路的熔断丝熔断或开关断开时，电容器断电后不能放电，会产生残留电压，这会威胁在电容器上工作的人员安全。同时，当重新合闸送电时，可能产生很大的冲击电流，影响电网及电容器的安全运行，所以电容器放电回路不能装设熔断丝或开关。

207．电力电容器在运行中应注意些什么？

答：电力电容器在运行中主要注意事项有：

(1) 电压不得超过额定电压的 10%，三相不平衡电流值不得超过额定电流的 5%；电容器电流不得超过额定电流的 1.3 倍，否则应停止运行。

(2) 发现外壳膨胀、严重漏油或有火花时，应立即将故障电容器退出运行。

(3) 室内温度不得超过 40℃，否则应采取降温措施。

(4) 保护装置自动跳闸后不许强送，应查明原因并加以消除，待确认无故障后方可投入运行。

(5) 电容器在合闸送电前必须放完电，禁止电容器带负荷投入运行。

(6) 电容器外壳要有良好的接地措施。

208．怎样测试电容器的绝缘电阻？

答：对于低压电容器可用 500V 或 1000V 绝缘电阻表，对于高压电容器可用 2500V 绝缘电阻表测量电极对外壳间的绝缘电阻，其值不应与出厂值有明显差别。

测试方法要正确，否则会造成触电事故。正确的测试法是：

(1) 先把电容器进行人工放电，将可能存在的残余电荷放尽。

(2) 拆除电容器上的所有接线，并将电容器表面擦拭干净，将电容器两极用导线短接。

(3) 选择适当的绝缘电阻表。先把电容器的金属外壳接绝缘电阻表的 E 端；然后转动绝缘电阻表把手，转速约 120r/min，再把绝缘电阻表的 L 端搭接在电容器并联（短接）的两极上，待指针平稳后读取数值。

(4) 测试过程中需不停地转动把手，拆除时先拆下 L 端的搭接线，然后才能停止转动把手。

(5) 测试完毕，必须对被测试的电容器进行充分的放电。

209. 造成电容器爆炸有哪些原因？怎样防止？

答：(1) 造成电容器爆炸的原因如下。

① 电网电压过高。电容器的功率损耗及发热量与电压平方成正比。如果电压过高，再加上环境温度过高，若电容器长期在这种情况下运行，其绝缘就会加速老化，导致内部元件击穿。

② 谐振过电压。当发生谐振过电压时，电容器成倍地过负荷，不仅使电容器击穿，而且强大的过电流使电容器剧热，产生爆炸。

③ 操作过电压。当对电容器频繁操作，特别是在电网失压后重合闸时，如果电容器末放完电，而来电的电压极性正好与电容器残留电荷的极性相反，在电容器中就产生强大的

电流,使电容器剧热爆炸。

(2) 防止电容器爆炸的措施。

① 应尽量避免电容器在过高电压下运行。尤其应避免最高环境温度与瞬时过电压同时出现。自愈式电容器的允许过电压为不超过额定电压的 1.1 倍,过电压时间为 24h 内不超过 8h。

② 改善通风条件,避免环境温度过高。

③ 为限制电容器的合闸涌流,应串入电抗器。为防止过压谐振,合理操作也很重要。电容器组每次重合闸时,必须在开关断开电容器并放电 3min 后进行,禁止电容器带电合闸。为了保证电容器正常放电,要定期检查电容器的放电装置。电网刚送电,负荷还没有上来,电容器应暂时退出运行。大功率硅整流设备、大容量电动机突然卸负荷或受到重复冲击负荷,会使电容器电压升高,电容器也应退出运行。

④ 加强检测巡视,防止过电流、过热。电容器能在不超过其额定电流的 1.3 倍下长期运行。巡视中如果发现三相电流严重不平衡,必是某一相中电容器的熔断丝熔断。此时应退出运行,查明原因,检修或换用另一台电容器,调整平衡后再投入运行。在巡视中如发现电容器有放电声、渗油、外壳锈蚀、鼓肚和严重发热等,应及时退出运行,进行检修或更换。

210. 怎样防止电动机无功就地补偿的谐波危害?

答:当电动机处于电网末端、电压较低、电动机经常启动困难时,或电网功率因数较低,为节能需要,对于较大容量的电动机,往往采用无功就地补偿措施,以提高电网电压和功率因数。但采取无功就地补偿后,很容易损坏电容器,经分析往往是谐波引起的。

(1) 产生谐波的原因。分析和实测表明,谐波电流主要有3次谐波、5次谐波及其他高次谐波(如17次等)。产生谐波的原因有:

① 电源的3次谐波电压所产生。

② 电动机产生的高次谐波。谐波电流再经补偿电容器的谐波放大,从而造成通过电容器的谐波电流很大。同时,使电网电压波形畸变加剧。这些都会缩短电容器的寿命甚至烧坏电容器。

(2) 电容器早期损坏的原因。

① 谐波过电流使电容器损耗功率增加,导致电容器异常发热。在电容器的标准中,允许通过电容器的稳态电流应不超过电容器在额定频率、额定正弦电压下产生电流的1.3倍。这个稳态过电流是由谐波和过电压共同作用的结果。过电流对电容器的影响主要是热效应,而热效应决定于损耗功率的大小,损耗功率与通过的电流平方成正比。电容器在严重的谐波过电流下将异常发热,必然使其绝缘迅速老化而早期损坏。

② 畸变的电压波形使电容器局部放电性能下降。畸变的电压波形,其电压峰值升高,并呈锯齿状尖顶波。尖顶波电压易在介质中诱发局部放电,从而加速电容器绝缘介质的老化。对于自愈式并联电容器,在长时间的局部放电作用下,其自愈性能会恶化,最终导致电容器损坏。

(3) 防止谐波危害的措施。

① 在电容器回路中串联电抗器。这是常用且行之有效的一种防止方法。其目的是,使在相应次数谐波下电容器回路的阻抗成为感性。必须指出,为了有效地抑制某次谐波,应

五、电力电容器

先对谐波电流进行实测,再决定串联电抗的参数。例如,当主要目的是防止 3 次及 3 次以上谐波放大时,可串联感抗值为电容器容抗值 12%~13% 的电抗器;当主要目的是防止 5 次及 5 次以上谐波放大时,可串联感抗值为电容器容抗值 4.5%~6% 的电抗器。但要注意,串联感抗值为电容器容抗值 6% 或 4.5% 电抗器均会导致 3 次谐波电流放大,而串接 6% 电抗器导致 3 次谐波电流的放大程度尤为严重,串接感抗值为电容器容抗值 4.5% 电抗器则很接近于 5 次谐波谐振点的电抗值 4%。因此,当遇到既需要抑制 5 次及以上谐波,又要兼顾减小对 3 次谐波放大情况时,可串联电容器容抗值 4.5% 的电抗器。

串联电抗器后,还可使母线的谐波电压下降,电压波形得到改善。

② 使用过负荷能力较高的电容器。这种方法的缺点是虽然能避免电容器的损坏,但仍会发生谐波电流放大的情况,系统的谐波状况不会得到改善。

六、变压器

211. 什么是变压器？它的基本结构和工作原理是什么？

答：变压器是一种能将某一等级的电压（或电流）转换成另一等级的电压（或电流）的装置。它的基本结构是由铁芯及套在铁芯柱上的线圈（也称绕组）组成。通常将接于电源侧的绕组称为一次绕组（也称原绕组或初级绕组），将负载侧的绕组称为二次绕组（也称副绕组或次级绕组）。

根据电磁感应定律，当变压器的一次绕组接入电源时，交流电源电压就在一次绕组中产生一个激磁电流，激磁电流在铁芯中感应出变化的磁通，称为主磁通。主磁通以铁芯为闭合回路既穿过一次绕组又穿过二次绕组，于是在二次绕组中感应出交变电动势。若次级输入端接入负载，就会在负载中流过交流电流。二次绕组侧输出的电压（或电流）和一次绕组输入的电压（或电流）之间的比例与一、二次绕组之间的匝数比有对应关系。若不计变压器本身损耗，那么向变压器输入功率等于变压器向负载提供的功率。这说明变压器是一种功率传递装置。

212. 为什么电力系统离不开变压器？

答：电厂发出的电能要经过很长的输电线路输送给远方的用户。为了减少输电线上的电能损耗，必须采用高压或超高压输送。目前一般发电机发出的电压不大高，所以必须经

六、变压器

过变压器将电厂的电压进行升压后送进电力网。

对各个用户来说，各种用电设备要求的电压都在几千伏以下，这也要经过变压器将电力系统的高压变成符合各种设备要求的低压。

再从电力系统的角度说，一个电力网将许多发电厂和用户联系在一起，分成主系统和若干个分系统，各个分系统的电压并不一定相同，而主系统必须有统一的电压，这也需要各种规格和容量的变压器来联系各个系统。所以说，变压器是电力系统中必不可少的设备。

213．变压器分哪些种类？

答：变压器的分类有下列几种方法。

按照用途分为电力变压器、调压变压器、试验变压器、整流变压器、各种小型电源变压器、测量变压器、各种特殊用途变压器等。

按线圈结构分为单绕组变压器、双绕组变压器、三绕组变压器、多绕组变压器。

按相数分为单相变压器、三相变压器、多相变压器（如可控硅整流中的六相变压器）。

按冷却方式分为油浸变压器、干式变压器（自然风冷和强迫风冷）、充气式变压器。

按调压方式分为无载调压变压器和有载调压变压器。

按中心点绝缘分为全绝缘变压器和半绝缘变压器。

214．什么是变压器的极性？

答：变压器的一、二次绕组都是被同一个主磁通所连接。在同一磁通作用下，各个绕组所感应的电动势虽然大小和方向在不断变化着，但在同一瞬间是一定的，即一次绕组某一端出现正极性时，二次绕组某一端也出现正极性，而其对应的另一端必然出现负极性。各个绕组瞬时极性相同的端称为同极性端或同名端，常用"*"或"+"号标记。注意不要误认为标准记号的引出端永远出现正极性。实际上，对一个引出端来说，正极、负极是随时间交替出现的。

215. 什么是变压器的接线组别？我国电力变压器规定的接线组别有哪几种？

答：接线组别是指三相变压器一、二次绕组之间电压及电流相位关系的各种组合。

实用中，变压器一、二次绕组都要按一定的方式连接，例如，连接成星形（Y）或三角形（△）。由于每相一、二次绕组可以有不同的极性关系和首尾标号方法，同时每侧三相的相别也可以人为地互换，因此就产生了多种不同的接线组合。一、二次电压和电流各个量的相位和大小关系就有多种不同情况，使用中必须搞清楚这些关系。说明这些关系的通用术语就是接线组别。

无论哪一种连接形式，一次、二次绕组各量之间的相位关系都是30°的倍数。于是，习惯上采用时针表示法来说明接线组别，以便于记忆。常说的十一点接法、十二点接法就是指接线组别。

时钟表示法规定：将一次高压侧的线电压（或线电流）的向量用长针表示，让它永远固定在十二点位置，二次侧电压（或电流）向量用短针表示，短针所指示的钟点位置就是这台变压器的接线组别。

接线组别的文字表示为：Y/Y_0-12、$Y/\triangle$-11。斜线左侧表示一次高压侧接法，斜线右侧表示二次低压接线，数字表示接线组别，Y_0表示星形中心点接地。

我国电力变压器制造标准规定了三种接线组别：$Y_0/\triangle$-11，

用于高压侧需中心接地的输电系统或35kV以下的配电系统；Y/△-11用于高压侧35kV以下，低压侧400V以上的输配电系统；Y/Y₀-12，这是工矿企业常见的配电变压器的接线组别，用于动力和照明混合负载。

216. 什么是变压器的空载运行、负载运行及超负荷运行？

答：变压器的一次绕组侧接入电网，二次绕组侧不接负载，处于开路状态，称为变压器的空载运行。

变压器的一次侧接入电网，二次侧接入额定值以下的负载，称为负载运行。

变压器运行过程中，如果流过变压器二次绕组的负载电流超过了规定的额定数值，称为超负荷（即过负荷）运行。一般情况下，应尽量避免这种运行状态发生，但在一定条件下，对变压器容许作短时间一定量的超负荷运行。

217. 简述变压器铭牌上技术数据的含义。

答：(1) 额定容量：指在额定工作条件下变压器的视在功率，单位为千伏安。

(2) 额定电压：原边额定电压是指电网加到原边的额定电压。副边额定电压是指原边加上额定电压后的副边空载电压。对三相变压器，额定电压指线电压，单位为伏或千伏。

(3) 额定电流：由额定容量和额定电压所决定的线电流为额定电流，单位为安。

(4) 阻抗电压：又称短路电压，它表示变压器在额定电流时原、副线圈阻抗电压降占额定电压的百分数。阻抗电压是计算短路电流和研究变压器并列运行时所需要的重要数据。

(5) 连接组：即线圈的连接组别，它用来表示原、副边线圈之间电压相位关系。

（6）空载电流：副边开路、原边加额定电压时，线圈中流过的电流称为空载电流。它以占额定电流的百分数来表示。

（7）铜耗：变压器原、副线圈都有电阻，电流流过这些电阻时，产生热损耗，因线圈多为铜线，故称铜耗。

（8）铁耗：主要是交变磁通在铁芯中产生的涡流损耗和磁滞损耗。变压器的铁耗基本上等于它的空载损耗（因空载电流和原线圈的电阻都比较小，故此时铜耗可忽略）。当电源电压一定时，铁耗大小基本恒定，它与负载电流的大小和性质无关。

（9）频率：每秒内正弦量交变的次数称频率，单位为赫兹。我国电力工业标准频率为50Hz。

（10）相数：单相或三相。

（11）冷却方式：指线圈和铁芯的冷却介质及循环方式。

218. 电力变压器的主要组成及其各部分的作用是什么？

答：电力变压器一般由芯体、冷却系统、绝缘瓷套管及安全装置等组成。

芯体是变压器的核心，它由高导磁率铁芯及绕组构成。变压器的基本功能主要由它完成。

冷却系统由箱体、散热管、油枕组成，担负将变压器芯体工作时产生的热量迅速散发到周围介质中去。箱体和散热管的结构布局有利于变压器中油的热循环，油枕的作用是减少油面与空气的接触面积，防氧化，并能保持油箱内充满变压器油。

绝缘瓷套管的作用是将初级、次级绕组的端头引到箱外,并和箱体之间保持很好的绝缘。

安全装置有:油温指示器,用于监视箱内上层油温;防爆管,防止突然事故引起箱内压力骤增造成爆炸危险;瓦斯继电器,用于监视箱内故障及在突然事故发生时迅速切断电源;呼吸器,用于防止变压器油受潮。

219. 变压器的极限温升是如何确定的?

答:变压器的温升限制主要决定于绕组的绝缘材料。一般油浸式变压器绕组间的绝缘材料是电缆纸或纸板等,属A级绝缘,耐热温度限制为105℃。干式变压器采用玻璃丝纤维绝缘,属B级绝缘,耐热温度限制为130℃。当绝缘温度超过限值时,寿命急剧下降,甚至烧毁。

电力变压器绕组在运行时有一局部最热区,它的位置大约在中部偏上。通常规定上层油温不允许超过95℃,这是和这个最热区温度不许超过105℃相对应的,它和上层油温有10℃温差。用温升来说明,即规定当环境温度为40℃时,变压器的温升不允许超过55℃。

220. 为什么变压器铁芯和壳体要同时接地?

答:变压器铁芯和壳体必须同时可靠地接地,以保证人身和设备安全。变压器在运行过程中,铁芯及其各种连接的金属结构均处于强电场之中,如果铁芯不和箱体同时接地,强电场的作用会使铁芯和箱体之间存在着较高的电位差,有可能形成间隙放电,这是不允许的。铁芯和箱体同时接地就保证了它们处于同电位。

铁芯通常采用一点接地的方式,这是由于芯片之间要求相互绝缘以限制涡流。若将整个铁芯接地,各片之间就会相互连通,势必会产生很大的涡流。由于片间绝缘相对来说是比较弱的,它能阻止涡流,但不能阻止高压静电的泄漏。所以一点接地对感应高压来说，相当于整个铁芯接地。

221. 配电变压器运行管理应建立哪些资料？

答：配电变压器资料包括下列内容：

(1) 变压器电压、电流测量及负荷分布记录；

(2) 接地电阻测定记录；

(3) 变压器缺陷及处理记录；

(4) 历年变压器事故及故障记录；

(5) 变压器小修记录；

(6) 变压器试验记录；

(7) 低压线路系统图及变压器分布；

(8) 变压器台账，包括厂名、编号、资产编号、容量、型号、安装日期及地点等；

(9) 变压器二次绕组侧熔断丝熔断记录。

222. 配电变压器三相电流不平衡率如何计算？对不平衡率有何要求？

答：配电变压器的三相电流不平衡率按下式计算：

三相三线式

$$A_\mathrm{k} = \frac{I_\mathrm{Z} - I_\mathrm{P}}{I_\mathrm{P}} \times 100\%$$

三相四线式

$$A_\mathrm{k} = \frac{I_\mathrm{D}}{I_\mathrm{P}} \times 100\%$$

式中　A_k——三相不平衡率；

　　　I_Z——最大一相电流，A；

　　　I_P——三相负荷电流的平均值，A；

　　　I_D——零线电流，A。

六、变压器

配电变压器三相电流不平衡率不允许超过20%。

223. 配电变压器高、低压熔断丝如何选择？

答：配电变压器高压熔断丝的选择：

(1) 小于100kV·A的变压器应按额定电流的3倍选择；

(2) 大于180kV·A的变压器应按额定电流的1.5倍选择；

(3) 100kV·A至180kV·A的变压器应按额定电流的2倍选择。

低压熔断丝的额定电流应按线路最大工作电流选择。

224. 配电变压器并列运行的条件是什么？

答：配电变压器允许并列运行的条件：

(1) 线圈接线组别相同；

(2) 电压比相等，允许±5%的差值；

(3) 短路电压相等，允许±10%的差值；

(4) 容量相等，容量之比不得大于3:1。

225. 配电变压器大修、小修年限有何规定？

答：配电变压器大修期限为10年，小修期限为1年。

226. 什么是变压器的磁滞损耗？

答：变压器铁芯在反复磁化过程中所产生的损耗称为变压器的磁滞损耗。硅钢片磁滞损耗的大小与硅钢片的质量、铁芯中磁通密度B_m的大小及电源频率f成正比。采用冷轧硅钢片，由于其磁饱和点高、磁导率高，故磁滞损耗小。

227. 什么是变压器的涡流损耗？

答：变压器铁芯中有交变磁通存在时所产生的涡流引起的损耗称为涡流损耗。涡流损耗的大小与电源频率的平方及磁通密度的平方成正比。为了减少涡流损耗，生产上采用涂有绝缘膜的薄硅钢片叠成铁芯，片厚一般为0.35mm。

磁滞损耗与涡流损耗之和统称为变压器的铁耗 P_{Fe}，在一般情况下，磁滞损耗约占铁耗 P_{Fe} 的 80% 左右。

228. 什么是变压器的铜耗 P_{Cu0}？

答：由于变压器一次绕组具有电阻 r_1，在空载电流 I_0 通过一次绕组时就产生铜耗 $P_{Cu0}=I_0 r_1$。空载时的铜耗 P_{Cu0} 很小，约占空载损耗 P_0 的 2%，可以忽略不计。

229. 什么是变压器的空载损耗？

答：指变压器二次开路，一次线圈侧加额定电压时变压器的损耗。变压器在空载运行时所产生的损耗为 P_0。如果忽略空载时铜耗 P_{Cu0}，则空载损耗可认为近似等于铁耗，即

$$P_0 \approx P_{Fe}$$

由于铁芯中磁通的最大值 $\varPhi_m$ 等于变压器铁芯截面 S_{Fe} 与磁通密度最大值 B_m 的乘积，即 $\varPhi_m = B_m P_{Fe}$，因此可写成

$$E_1 = 4.44 f B_m P_{Fe} N_1$$

其中，$\varPhi_m$ 的单位是 Wb，B_m 的单位是 T，S_{Fe} 的单位是 m^2。由于 $E_1 \approx U_1$，铁耗与铁芯中的磁通密度 B_m 成正比，式中 f、S_{Fe}、N_1 都是常数，所以铁耗也就与电源电压 U_1 成正比。这就是说，只要变压器接上电源，不管有没有负载，其铁耗 P_{Fe} 基本上是不变的。所以变压器空载时应切断电源，而在变压器负载运行中尽量使之满载运行，以提高变压器的效率，做到节约用电。

230. 变压器油的牌号表示什么意思？不同牌号的变压器油能否混用？

答：变压器油的牌号表示该油的凝固点，如 10 号变压器油的凝固点小于 −10℃；25 号变压器油的凝固点小于 −25℃；45 号变压器油的凝固点小于 −45℃。由于变压器在运行中存在着铁损和铜损，各种损耗产生的热量使其运行温度超过环

境温度。因此在我国南方地区，户外变压器可使用 10 号变压器油。由于油断路器在运行中损耗很少，正常情况下，它的运行温度可近似等于环境温度。在北方地区，为了避免绝缘油在 -10℃ 及以下时出现凝固现象，油断路器中要求使用 25 号变压器油。另外，如果变压器在冬季停用，为了防止变压器油凝固，也应使用 25 号变压器油。

根据经验，当添加的不同牌号变压器油仅占原变压器油的 5% 以下时，不需试验即可混用。如果将等量的两种国产变压器油混合，其凝固点介于两种油之间，粘度和酸价升高，闪点降低，绝缘强度在使用一个阶段后也要降低。

231. 怎样处理变压器套管漏油故障？

答：变压器套管漏油是较常见的一种故障。变压器套管漏油，绝大多数是由于变压器接线桩头过热引起的。接线桩头过热除了引起变压器套管漏油外，还能引起套管上的密封垫过早老化，接线桩头的紧固螺母和螺杆松动等，从而诱发故障。

造成接线桩头过热的原因有：

(1) 线头粗大，垫圈小，不配套，压不紧。

(2) 连接材料未做去除氧化层处理，也未涂导电膏，使搭接不良，接触电阻增大。当通过大电流时，产生过热，进而增大氧化层，加大接触电阻。周而复始，过热更甚。

(3) 负荷过大，或负荷分配不合理，负荷电流超出连接导体及桩头的安全载流量。

为了防止变压器套管漏油，应采取以下措施：

(1) 正确实施连接工艺，采用与桩头相配套的垫圈、卡爪、勾连板及螺母。线头或电缆过粗时应采用压线鼻子。接线前必须去除导体上的氧化层，并涂上导电膏。

（2）宜采用在线头两侧用螺母同时相对拧紧的连接方法。与常规的接线方法相比，这种方法紧固更牢，不易发生"连轴转"现象。同时使接头处散热更好，能大大地减小对密封垫的发热影响。

（3）合理分配负荷，避免变压器长时间过负荷运行。

（4）加强日常巡视检查，一旦发现渗漏油现象，应及时处理。

232. 对变压器运行的允许温度是如何规定的？

答：变压器中的绝缘材料受温度影响会逐渐老化。温度越高，绝缘材料的绝缘性能越差，并加速老化，以至于失去了绝缘层应有的介电作用，就容易被高电压击穿造成故障。因此，变压器在正常运行时，不准超过绝缘材料所允许的温度。变压器绕组所用的绝缘材料较多是棉纱、丝绸、纸等A级绝缘材料，其允许最高工作温度是105℃。

油浸式变压器绕组和铁芯所产生的热量是通过油的循环将热传导到箱体向周围空气散发的。油的温度反映了绕组和铁芯的温度，测量油温比测量绕组温度方便。当上层油温在95℃时，则相当于绕组温度为105℃，所以，常以上层油温最高不得超过95℃为标准，但一般上层油温不宜经常超过85℃，以防止变压器油劣化过速。规程规定，自然循环、自冷、风冷的变压器的最上层油温95℃；强迫油循环风冷变压器的最上层油温为85℃；强迫油循环水冷变压器的最上层油温为70℃。

233. 什么是变压器的额定负载运行？

答：变压器负载运行时，因存在铜耗和铁耗而发热，负载越大，发热越多，温升也就越大，为此，变压器运行时，有允许连续稳定运行的额定负载，即变压器的额定容量，不

六、变压器

使其超过允许工作温度。

234. 什么是变压器的过载运行？

答：变压器一般应不超过其额定容量运行，但在下列规定条件下，也允许作短时过载运行。

（1）正常过载：在不缩短变压器正常使用期限的条件下，由于昼夜负荷变动而容许的过负荷，即允许在高峰负载期间超额定容量运行，允许过载时间 $t(h)$ 和过载倍数 P_z/P_s 由负载率 κ 决定，负载率指一昼夜的平均负载与最大负载之比。

（2）事故过载：当电网发生故障，或有一台变压器损坏时，其余的变压器可允许作短时间的过载运行。但变压器存在较大的缺陷（如冷却系统不正常，严重漏油，色谱分析不正常等）时，不准过负荷运行。

235. 对变压器的允许电压变动是如何规定的？

答：一般规定变压器一次电压应不超过额定值的 105%，二次电流不应大于额定值。除个别情况，可根据变压器的结构特点，经过试验或经制造厂标定，一次电压允许增加到额定电压的 110%。电流值应遵照制造厂规定或由试验确定。

236. 变压器运行中的检查项目有哪些？

答：检查声音是否正常。变压器正常运行发出均匀嗡嗡声。发生故障时会产生异常声响；声音比平常沉重，说明负荷过重；声音尖锐，说明电源电压过高；声音嘈杂，说明内部结构松动；出现爆裂声，说明线圈或铁芯绝缘击穿；其他如开关接触不良，或外电路故障也会引起变压器声响变化。

检查油温是否正常。检查油色和油面高度是否正常。正常运行的油位应在油面计的 1/4～3/4，新油呈浅黄色，运行后呈浅红色。特别要检查是否出现假油面现象，这可能是油标管、呼吸器、防爆通气孔堵塞所致。经常保持变压器油的良好性能，是保证变压器安全可靠运行的重要环节。

检查套管与引线的连接是否完好，套管有无裂纹、损坏和放电痕迹；检查引线、导杆和连接螺栓有无变色。如套管有不清洁或破裂，在阴雨天或雾天会使泄漏电流增大，甚至发生对地放电。还要注意是否有树枝、杂草或其他杂物搭在套管上。

检查高、低压熔断丝是否正常。低压熔断丝熔断的可能原因有：低压架空线或电缆短路、绝缘损坏；变压器过负荷；用电设备绝缘损坏或短路；熔断丝容量选择不当。

237．变压器高压侧熔断丝熔断的原因有哪些？

答：变压器绝缘击穿；低压设备发生故障，但低压熔断丝未断，落雷也可能把高压熔断丝烧断；高压熔断丝容量选择不当。

238．变压器在哪些情形下应立即停止运行？

答：变压器有下列情形之一应立即停止运行：声响大，不均匀，有爆裂声；在正常冷却条件下，变压器油温不正常并不断上升；油枕喷油或防爆管喷油；油面降落低于油位计上的限度；油色变化过甚，油内出现碳质等；套管有严重的破损和放电现象。

239．变压器运行中的检查项目与测试项目有哪些？

答：（1）温度测试。正常运行，上层油面温度一般不得超过85℃（温升55℃）。

（2）负荷测定。一般负荷电流应为额定电流的75%~90%。

（3）电压测定。电压变动范围应在额定电压的±5%之内。

（4）绝缘电阻测定。对变压器绝缘电阻一般不做规定。应将所测电阻与以前所测值相比较，折算同一温度下，应不低于前次所测值的70%，测量时，根据电压等级不同，应选取不同等级的摇表，并且应该停电进行测定。

（5）每1~3年还应做一次预防性试验。

240. 变压器停电、送电顺序是什么？

答：变压器停电、送电的操作顺序是：停电时先停负荷侧，后停电源侧，送电时与上述顺序相反。

（1）对于用油开关控制的变压器，停电时先拉油开关，后拉隔离开关；送电时先合隔离开关，后合油开关。

（2）对于用跌开式熔断器控制的变压器，停电时应通知用户将负载切除，先拉低压分路开关，后拉低压总开关，最后在空载时拉开高压跌开式熔断器。送电时与停电时的操作顺序相反。同时注意，拉合跌开式熔断器时，必须使用合格的绝缘拉杆，穿绝缘鞋或站在干燥的木台上，在有监护人的情况下操作。

241. 如何测量变压器的吸收比？

答：为判断变压器绝缘是否受潮，常测量其吸收比 R_{60}/R_{15}。所谓吸收比，是指兆欧表在额定转速下摇动60s时示值 R_{60} 与摇动15s时的示值 R_{15} 之比。在绝对干燥时，吸收比值为1.3~2.0；绝对潮湿时，R_{60}/R_{15} 值为1.0。

242. 用兆欧表测量变压器的绝缘电阻时应注意什么？

答：用兆欧表测得绝缘电阻的大小与测量方法、兆欧表的选择、测量时环境温度均有很大关系。因此，测量时应注意如下事项。

（1）按测量对象选用摇表的额定电压。绕组额定电压不小于 1000V 的变压器应选用电压为 2500V 的摇表；绕组额定电压小于 1000V 的应选用 1000V 的摇表。对同一台变压器，如果要对历次测量值进行比较，则各次测量应使用相同电压等级的摇表。

（2）测量环境条件的选择。最好选择气温在 5℃ 以上，相对湿度在 70% 以下的天气进行，并尽量保持历年测量的环境条件一致。

（3）测量时注意正确使用摇表。把摇表摆平，不能摇晃，以免影响读数。测量前，将两测试棒开路，在额定转速下，指针应指向"∞"，否则应对仪表进行调校后再测。

243. 变压器运行不正常的原因及处理方法有哪些？

答：（1）漏油、油位变化过高或过低、油温异常、声响不正常及冷却系统不正常等，应设法尽快消除。

（2）负荷超过允许正常负荷时，应按规定调低变压器的负荷。

（3）油温的升高超过许可限度时，应检查变压器的负荷和冷却介质的温度；核对温度表；检查机械冷却装置或变压器室的通风情况。

（4）如变压器中的油已凝固时，允许投入运行，逐步接带负荷，并监视油温至正常。

（5）变压器油位因温度升高而逐渐升高时，若最高油温下的油位可能高出油位指示计，则应放油至适当高度，以免溢油。对采用隔膜式储油柜的变压器，应检查胶囊的呼吸是否畅通以及储油柜的气体是否排尽等问题。

（6）变压器自动跳闸和灭火。自动跳闸时可投入备用变压器，然后立即查明跳闸原因，如检查结果证明变压器跳闸

六、变压器

不是由于内部故障所引起,则变压器可以不经过外部检查而重新投入使用。

变压器发生着火时,首先是断开电源,停用冷却器和迅速使用灭火装置灭火,并将备用变压器投入运行。

244．S9系列变压器和新S9系列变压器与S7系列变压器有什么不同？

答：S7系列变压器是我国于1980年后推出的变压器,按1973年配电变压器标准属于节能型,但同S9系列比较,属于高损耗变压器。S9系列配电变压器是20世纪80年代中期,我国参照国际先进损耗水平统一设计开发的,其空载损耗比S7系列降低8%左右,负载损耗比S7系列降低25%左右。虽然价格比S7系列平均高约20%,但S9系列初投资多付的资金在3~5年内即可以回收（收回年限与变压器负载率及容量有关）。按变压器20年使用年限计算,各种规格S9系列变压器的总费用(购置费+安装调试费+运行费)均低于S7系列。

新S9系列变压器是在S9系列的基础上经改进而来。由于新S9系列产品采用新组件、新工艺并完善部分结构,所以其电气强度、机械强度与散热能力及节能效果等均优于S9系列,但价格较S9系列稍贵。

为了节约电能、推广新技术新产品,国家已规定1998年底淘汰S7系列和SL7系列产品,推荐S9系列和新S9系列及Sl1系列产品。

245．什么是非晶合金配电变压器？

答：将铁、硼、硅等材料熔化后,喷射到高速旋转的冷却滚筒上快速冷却凝固成金属薄带,然后缠绕成卷,即成为带材。由于带材在成型过程中高速骤冷,使材料中原子的排列杂乱无章,犹如玻璃等非晶体材料的结构,这种材料称为非晶合金。

利用非晶合金材料代替硅钢片制作变压器铁芯,具有导磁率高、矫顽力低、电阻率高、铁损低等优点。用非晶合金材料制作铁芯制造配电变压器,比用硅钢片制作铁芯的变压器空载损耗降低1/2~2/3,有的产品空载损耗可降到S9系列变压器的40%左右。而两种变压器的负载损耗相差并不悬殊。因此,对于负载率低的变压器,采用非晶合金铁芯变压器更具优越性。

非晶合金变压器的价格比S9系列变压器高20%左右。随着非晶合金铁芯变压器商品化生产规模的不断增大,非晶合金变压器终将成为电力变压器市场的主导产品。

246. S11系列变压器有何特点?

答:S11系列变压器是非晶合金铁芯低损耗配电变压器。按其铁芯结构分,有卷铁芯和叠铁芯两种。

(1) S11系列卷铁芯变压器(典型型号:S11-M.R)。

① 硅钢片连续卷制,铁芯无接缝,大大减少了磁阻,空载电流减少60%~80%;

② 连续卷绕充分利用了硅钢片的取向性,空载损耗降低20%~35%;

③ 卷铁芯结构成自然紧固状态,不需要夹件紧固,避免了因加紧力给铁芯带来的性能恶化、损耗增加的问题;

④ 卷铁芯自身是一个无接缝的整体,在运行时的噪声水平降低到30~45dB;

⑤ 应用特殊夹件进行器身装配,使其抗短路能力优于叠片式铁芯。

(2) S11系列叠铁芯变压器(典型型号:S11-M)。

S11系列叠铁芯变压器由于铁芯采用了高导磁、低损耗的非晶合金硅钢片，使其铁损耗比S9系列变压器大大降低，但与S11系列卷铁芯变压器相比，由于结构所限，其噪声较大。

247. 变压器绝缘电阻不正常有哪些原因？如何处理？

答：根据绝缘电阻的测试结果可以分析造成绝缘电阻不正常的可能原因，从而可针对性地采取处理措施。

（1）绝缘电阻为零。可能是绕组之间或绕组与外壳有击穿现象，应解体检查绕组及绝缘。

（2）绝缘电阻较前一次测量值（经温度换算）低30%~40%，可能是绕组绝缘受潮。为此，可进一步用绝缘电阻表测量吸收比 R_{60}/R_{15}。一般来说，对于60kV及以下的绕组，其吸收比 R_{60}/R_{15} 应不低于1.2，否则可认为绕组受潮，应进行干燥处理。

（3）绕组间及每相间的绝缘电阻不等，可能是套管损坏。此时，应拆除套管与绕组间的引线，单独测量绕组对油箱或套管对箱盖的绝缘电阻。

248. 造成变压器绕组绝缘下降或损坏的原因有哪些？

答：造成变压器绕组绝缘下降或损坏的主要原因有：

（1）变压器长期过载运行，绕组受高温作用而被烧焦，甚至绝缘脱落造成匝间或层间短路。

（2）线路发生短路故障而保护失灵，导致变压器长时间承受大电流冲击，使绕组受到很大的电磁力而发生位移或变形，同时使绕组温度很快升高导致绝缘损坏。

（3）变压器受潮，或绝缘油含水分，或修理绕组时绕组里绝缘漆没有浸透等,均会引起绝缘下降,甚至造成匝间短路。

(4) 绕组接头和分接开关接触不良。

(5) 变压器遭受雷击,而防雷装置安装不当或失效,使绕组经受强大电流冲击。

249. 测量变压器绕组直流电阻应注意哪些事项?

答:测量变压器绕组直流电阻的目的是从测量的结果中分析出变压器绕组内部焊接是否良好,分接开关触点接触是否良好,引出线与套管等载流部分的接触是否良好。

由于各连接(接触)部分直流电阻很小,测量时应采用正确的测量方法,操作时必须认真,才能准确测出直流电阻值,并判断出直流电阻是否正常。

影响变压器绕组直流电阻测量准确度的因素很多,如测量方法、测量表计、接线、接触情况、绕组实际温度和稳定时间等。测量时应注意以下事项:

(1) 正确选用测量仪表,仪表的准确度应不低于 0.5 级。若用电桥测量,电桥及标准电阻的准确度应使测量总误差不超过 0.2%。

(2) 测量前应将变压器绕组充分放电。

(3) 应采用有足够容量的蓄电池作为直流试验电源。

(4) 变压器绕组的直流电阻应分别在各绕组的线端测量。

(5) 所施加的直流电流应不大于被测绕组额定电流的 1/5。

(6) 必须在变压器绕组温度稳定的情况下进行测量,并记录下绕组温度。

六、变压器

(7) 测量时非被测试绕组均应开路或串接一个较大的电阻。

(8) 要有足够的测量时间,等兆欧表稳定后再读数。

(9) 当用电桥法测量绕组直流电阻时,必须在电桥回路中的电流稳定后再接通检流计,并在断开电源前切断检流计。

七、电动机及其保护

250. 简述三相异步电动机的工作原理。

答:三相异步电动机定子绕组通入三相交流电后,定子绕组产生旋转磁场。该磁场以同步转速 n_1 在空间顺时针方向旋转,如图1所示。静止的转子绕组切割旋转磁场产生感应电动势,转子在感应电动势作用下产生电流。转子电流与磁场相互作用,产生电磁力 F。电磁力作用在转子上形成电磁转矩,使转子以速度 n 按旋转磁场 n_1 的方向旋转。转子上半部和下半部电磁力 F 的方向相反,但都与 n_1 的旋转方向相同。这样电动机就旋转起来,带动机械负载工作。

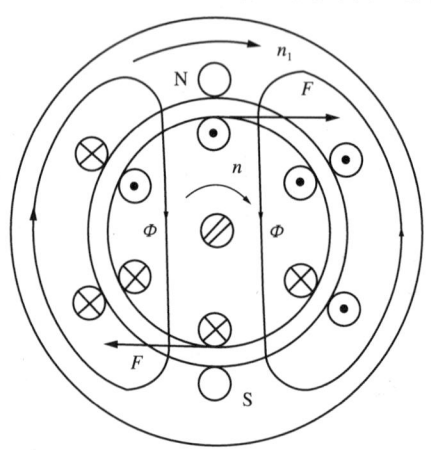

图1 异步电动机的工作原理

七、电动机及其保护

251．电动机是怎样分类的？

答：电动机通常按以下几个方面分类：

（1）接电源性质分为：直流电动机、交流电动机和交直流两用整流子式电动机。

（2）直流电动机按励磁方式分为：并激直流电动机、串激直流电动机、复激直流电动机。

（3）交流电动机按相数分为：单相交流电动机、三相交流电动机。

（4）三相交流电动机按其工作原理分为：异步电动机、同步电动机。

（5）异步电动机按转子结构分为：鼠笼式和绕线式。

（6）鼠笼式异步电动机又可分为：单鼠笼、双鼠笼和深槽式。

252．三相异步电动机铭牌上标有额定电压为 220/380V，它表示什么意义？

答：额定电压为 220/380V 的电动机，表示它可在 220V 和 380V 两种电压下工作。如果电源电压为 380V，电动机定子绕组应接成星形；如电源电压为 220V，电动机定子绕组应接成三角形。

253．交流电动机实际接线与铭牌不符时有何危害？

答：电动机接线方式是指电动机在额定电压下定子绕组的接线方法，如星形和三角形接法。当额定电压不变时，若将星形接线错接成三角形，则定子绕组承受的电压为要求电压的 $\sqrt{3}$ 倍，使电流增大造成铁芯和绕组发热，有烧毁电动机的可能。若将三角形接线错接成星形，绕组承受的电压为原来额定电压 $1/\sqrt{3}$，输出的转矩大大减小，电动机带负载的能力大大降低，所以实际中按铭牌接线非常重要。

254. 异步电动机由哪几部分组成？各部分的作用是什么？

答：异步电动机主要由两大部分组成：一部分是静止部分称为定子，另一部分是旋转部分称为转子。

（1）定子部分由机座、铁芯和绕组组成。

机座：是电动机外壳和支架，其作用是固定保护定子铁芯、绕组并支撑端盖，安装时用于固定电动机。国产三相电动机座一般用铸铁浇铸而成。机座上设有吊装环，表面有均匀的散热片。

定子铁芯：是电动机磁路的一部分，主要起导磁作用，它一般用导磁性能好的铁磁材料制成，通常用0.5mm厚的硅钢片叠加而成，有槽口和片间绝缘，槽内嵌入绕组。

定子绕组：是电动机的电路部分。接通三相电源后，它可产生旋转磁场。绕组一般用高强度漆包线或外有绝缘的铜线、铝线绕制而成。

（2）转子部分：转子由铁芯、绕组和转子轴组成。

转子铁芯，是电动机磁路的一部分，它与定子铁芯有一定的间隙。转子铁芯和定子铁芯用同样材料叠加而成，槽内嵌放转子绕组。

鼠笼式转子又称短路转子。这种转子的铁芯外圆周上均匀分布着径向槽和斜槽，槽内放铜条，在转子铁芯两端槽口处分别用铜条连接起来形成一个短路回路，也称短路转子电动机。如果将转子绕组铜条拿出来，它便像笼子一样，所以又称鼠笼式电动机。一般情况下采用鼠笼斜槽可以增加启动转矩，改善启动性能。目前我国中小容量鼠笼式电动机的鼠笼条多采用铸铝，把端环、笼条及风叶用铝一次浇铸而成。较大容量电动机采用双鼠笼式转子或深槽式转子。

绕线式转子与定子绕组相似，也是用高强度漆包线制成三相绕组，一般接成星形。因每相绕组的一端接到轴上铜质滑环，通过电刷与启动设备连接，所以称为滑环电动机。

转子轴一般用中碳钢制成，其作用是支撑转子，带动机械负载。

(3) 其他部件：端盖、接线盒。

端盖：起支撑转子和防护作用，一般用铸铁制成，内固轴承，防止漏油和灰尘进入。

接线盒：固定在机壳上，内有接线板，用来接定子绕组出线和电源进线。

255．如何判别三相异步电动机定子绕组首、尾端并接成星形和三角形？

答：判别异步电动机定子绕组首、尾端的方法很多，最简单的方法是直流法，使用干电池和毫伏表（可用万用表中毫安挡代替）来进行判别。首先找出每相绕组的两端，按如图 2 所示接线。然后，用干电池负极导线分别接触电动机绕组 V_2、W_2 端，如果接在绕组 U_1、U_2 两端的毫伏表指针偏转一致，则认为绕组 V_2、W_2 端的极性一致。然后，将毫伏表

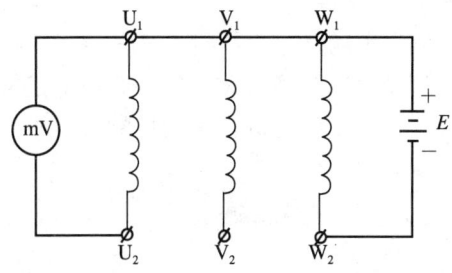

图 2　测量三相绕组首、尾端的直流法

改接到 V_2 时,用干电池负极导线分别接触 U_2、W_2 端,若毫伏表偏转方向同前一样,则 U_2、V_2、W_2 端和 U_1、V_1、W_1 端分别为同极性,可以同为首端或同为尾端。

另外,也可用交流法来判别电动机绕组首、尾端。用交流法判断首、尾端,也是先找每相绕组的两端,然后将任意两相绕组串联,在串联二相绕组两端加入交流电(36V、24V 或 12V),用交流电压表测量第三相绕组两端电压,若仪表有电压指示,说明前二相绕组是首尾相连接,若仪表电压指示为零,说明前二相绕组是首首、尾尾相接。用同样的方法可以找出第三相绕组的首、尾端。

星形接法:把三相绕组首、尾端分清,将绕组首端接电源,三个绕组尾端连接成一点或将三个绕组的尾端接电源,三个首端连接在一起都能实现星形接线。

三角形接法:将三个绕组的首、尾端分别相互连接,第一相尾端接第二相绕组首端,第二相绕组尾端接第三相绕组首端,第三相绕组尾端接第一相绕组的首端,三个首、尾端连接点接至电源,实现三角形接线。

256. 三相异步电动机调速方法有哪几种?简述其调速原理。

答:三相异步电动机有三种调速方法。

(1) 变极调速:它是通过改变定子绕组的连接方式来改变极对数,以达到改变电动机转速的目的。同步转速按下式计算

$$n_1 = 60f/P$$

式中　f——电源频率;
　　　P——电动机极对数。

这种调速的方法是有级的，只适用于鼠笼式电动机。

（2）变频调速：通过改变加在电动机上的电源频率来改变同步转速 n_1，以达到改变电动机转速的目的。通过专用变频设备，把工频电源变换成频率可调的专用变频电源，使之通过频率变化来改变电动机的转速。这种方法应用的设备复杂，价格昂贵，因此它的应用受到了很大限制。

（3）改变转差调速：通过改变电动机外加电压可以改变其最大转矩，从而改变转差率和转子转速，达到调速的目的。这种方法调速范围不大，应用较少。

另外，通过改变电动机转子回路的电阻，也就是改变调速变阻器的电阻大小，可获得较为宽广的调速范围。这种方法简单，但效率低、不经济，它只是在起重机和卷扬机上应用广泛。这种方法仅适用于绕线式电动机。

257．能否将频率为60Hz电动机接到频率为50Hz的电源上运行？

答：不能。电动机转速与电源频率有关，电源频率降低，电动机转速便会降低，功率因数、效率也会随之降低，散热变差，温升增加，定子总电流增加。当将60Hz电动机接于50Hz的电源运行时，以上现象便会出现，最终导致电动机发热严重甚至烧毁电动机。

258．在安装异步电动机不允许反转时，怎样预先测定旋转方向？

答：用4~6节电池和量程在10V以下的两只直流电压表，按如图3所示接线，然后按要求方向盘车，两只电压表和的读数必为一增一减。如果 V_1 增，V_2 减，电动机的相序为零、增、减。当电源电压的相序确定后，即可将零、增、减与相应的电源正相序相连接，这样电动机的旋转方向便会与要求方向一致。

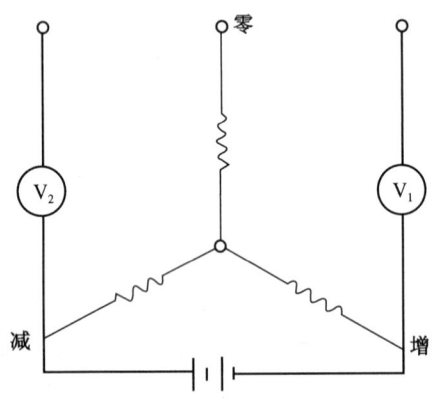

图 3　确定电动机旋转方向接线图

259. 三相异步电动机空载电流占额定电流多少为适宜？

答：三相异步电动机空载电流主要由两部分组成，一部分用来产生旋转磁场，是主要成分，称为空载激磁电流分量，也称无功分量；另一部分电流用来产生一定有功功率，去补偿空载运行时各种功率损耗（铁芯、摩擦等），这部分称为空载有功分量。因空载运行各种损耗较小，所以一般情况下有功分量忽略不计，一般中型电动机空载电流 I_0 占额定电流的 20%~35%，小型电动机空载电流 I_0 占额定电流的 35%~50%。

260. 三相异步电动机空载电流出现较大不平衡的原因是什么？

答：电动机空载电流出现不平衡的原因有以下几个方面：

(1) 三相电源电压不平衡过大；

(2) 电动机各相绕组中某支路断路，造成三相阻抗不平衡；

(3) 电动机绕组中出现匝间短路或其他元件短路等现象；

(4) 修复后的电动机个别线圈与线圈反接；

(5) 定子绕组中有一相出线反接时，反接相电流会特别大，因而造成不平衡。

261．三相异步电动机空载电流过大的原因是什么？

答：空载电流过大的原因有以下几个方面：

(1) 电源电压过高，使铁芯产生磁饱和现象，导致空载电流过大；

(2) 电动机修复后装配不当或空隙过大；

(3) 电动机定子绕组匝数不够或绕组接线有错同样会造成空载电流过大；

(4) 由于旧电动机硅钢片腐蚀或老化，使磁场强度减弱或片间绝缘损坏，造成空载电流过大。小型电动机的空载电流不大于50%额定电流时可继续运行和使用。

262．什么是异步电动机的转差率？

答：异步电动机的转子转动是靠定子绕组产生旋转磁场切割转子绕组获得电磁转矩而旋转。如转子旋转速度 n 和定子旋转磁场速度 n_1 相同，则转子绕组感应电势等于零，电磁转矩也等于零，这样电动机就会停止运转。只有电动机的转子速度 n 小于同步转速 n_1 时，转子才能转动。把转子转速 n 和定子旋转磁场的同步转速 n_1 之差称为转速差，即

$$\Delta n = n_1 - n$$

转差率是转速差 Δn 与同步转速 n_1 之比的百分数，用公式表示为

$$s = (n_1 - n)/n_1 \times 100\%$$

式中　s——转差率；

　　　n_1——同步转速；

　　　n——电动机的转速。

常用电动机在额定负载时的转差率范围为 1.5%~6%。

263. 异步电动机有哪些损耗？

答：异步电动机输出总机械功率小于它从电源吸收的电功率，这主要是由以下几方面的损耗造成的：

（1）定子的铜损和铁损，就是电流在定子绕组电阻上功率损耗和交变磁通在定子铁芯上产生的磁滞、涡流损耗；

（2）转子绕组的铜损和通风、摩擦等机械损耗；

（3）附加损耗是指定子磁通高次谐波在鼠笼转子里感应电流产生的附加损耗。国家规定附加损耗为输入功率的 5%。

264. 异步电动机的使用条件是怎样的？

答：异步电动机一般工作条件的规定和要求如下：

（1）为了保证电动机的额定出力，电动机出线端电压不得高于额定电压的 10%，不得低于额定电压的 5%。

（2）电动机出线端电压低于额定电压的 5% 时，为了保证额定出力，定子电流允许比额定电流增大 5%。

（3）电动机以额定出力运行时，相间电压的不平衡率不得超过 5%。

（4）当环境温度不同时，电动机电流的允许增减见表 3 和表 4。

环境温度超过35℃时：

表3　电动机额定电流应降百分率

周围环境温度，℃	额定电流降低
40	5%
45	10%
50	15%

环境温度低于35℃时：

表4　电动机额定电流应增百分率

周围环境温度，℃	额定电流增加
30	5%
30以下	8%

电动机额定电流一般是在环境温度为35℃的情况下定出的。如果环境温度高于35℃，电动机的散热性能就会显著下降，这时应相应地降低电动机的额定电流使用。

① 周围环境温度 t 低于35℃时，电动机的额定电流允许增加 $(35-t)\%$，但最多不应超过10%。

② 周围环境温度超过35℃时，则要降低出力，大约每超过1℃电动机额定电流降低1%。

（5）对正常使用负荷率低于40%的电动机应予以调整或更换。空载率大于50%的中小型电动机应加限制空载装置。所谓电动机的空载率，是指电动机空载运行的时间 t_0 与电动机带负荷运行时间 t 之比即 $\beta_0 = t_0/t \times 100\%$。

(6) 新加轴承润滑脂的容量不宜超过轴承内容积的70%。

(7) 电动机的绝缘电阻（75℃时）不得小于 0.5MΩ/kV（低压电动机）或 1MΩ/kV（高压电动机）。

265. 异步电动机的启动特性是什么？

答：异步电动机启动特性有启动电流和启动转矩两个方面。

当异步电动机通电开始启动瞬间，转子静止，旋转磁场和转子绕组有最大的相对运动，此时转子绕组的感应电势最大，同时转子绕组的电流也最大。异步电动机定子绕组电流随着转子绕组电流变化而变化，故电动机启动时定子绕组瞬间电流达额定电流的 4~7 倍，这对电动机和供电设备都不利。在启动电流较大的情况下，转子感抗也随之增加，转子的功率因数较低，启动转矩较小。所以电动机启动时应采取一定的措施，设法降低启动电流，增大启动转矩。

266. 异步电动机启动前应做哪些检查？

答：为防止异步电动机启动时发生故障，启动前应做如下检查：

(1) 新安装或停用三个月以上时电动机，应进行绝缘电阻测量，绝缘电阻每千伏不小于 1MΩ，电压在 1kV 以下，容量在 1000kW 以下的电动机测得的绝缘电阻值不低于 0.5MΩ。

(2) 检查电动机的接地线是否良好，导线截面是否符合要求。

(3) 按电动机铭牌标志，检查电源电压是否相符，电动机绕组接线方式是否正确，启动设备接线是否正确。

(4) 检查电动机的各部螺丝是否松动，轴承是否缺油。

(5) 检查传动机构是否安装适宜和完好。

(6) 检查转子和所带机械转轴是否灵活，有无卡、摩擦和扫膛现象。

(7) 检查电压是否正常，是否在允许的 ±5% 范围内。

267. 异步电动机启动时应注意哪些事项？

答：电动机启动时应注意以下几方面：

(1) 启动时注意电动机附近是否有人和杂物，以免造成人身和设备事故。

(2) 接通电源后，电动机不能启动或启动很慢，声音及传动机械不正常时，应立即停机，切断电源，待查明原因排除故障后，方可重新启动。

(3) 多台电动机启动时，按容量从大到小顺序逐台启动，不可同时启动，以免引起压降过大或开关跳闸。

(4) 电动机避免频繁启动（特殊用途电动机除外），规程规定冷态电动机可启动 2~3 次，热态启动 1 次。空载试运电动机可适当增加启动次数。

(5) 投产试运的电动机启动时要测量实际参数，作为运行的依据。

268. 三相异步电动机有几种启动方式？

答：三相异步电动机有三种启动方式：

(1) 直接启动　电动机接入电源后，在额定电压下进行直接启动。这种启动方式的启动电流较大，一般小容量低电压电动机启动电流为额定电流的 4~7 倍，高电压电动机查参数。当不经常启动的电动机额定容量小于变压器容量的 30%，经常启动的电动机容量小于变压器容量的 20% 时，电动机可以采用直接启动。

(2) 降压启动　使用专用设备，使加在电动机上的电源电压降低，减小启动电流。待电动机转速接近或达到额定转速时，再经控制设备转换到额定电压下运行。降压启动虽然启动电流减小，但是相应的启动转矩也减小。所以这种启动方法在鼠笼式电动机在空载或轻载启动时，应用较为广泛。

(3) 转子回路中串联附加电阻启动　这种启动适用于绕线式异步电动机，它减小了启动电流，又可增大启动转矩，主要应用于启动困难的机械负载，如卷扬机和起重机等。

269. 怎样确定鼠笼式异步电动机的启动方式？

答：鼠笼式异步电动机的启动方式为直接启动和降压启动两种。在降压启动中又分为自耦减压启动、星—三角降压启动和延边三角形降压启动等。主要应根据以下几方面情况来确定启动方式：

(1) 若电源容量相对于启动电动机容量来说足够大，则电动机的启动电流不会引起明显的压降，对其他运行的设备不会产生不利影响，此时启动电流成为次要方面，可采用全压启动，也就是直接启动方法。

(2) 若电源容量与启动电动机容量相比相差不是足够大，也就是说启动电动机容量比供电电网容量的30%还大，就应考虑机械负载对启动电动机转矩的具体要求，选择适当的降压启动方法。

270. 异步电动机直接启动常用设备有哪些？

答：直接启动设备有以下几种。

(1) 三相闸刀开关：开关的额定电流一般为电动机额定电流的3倍左右。它用电动机保护用熔断丝作为短路保护。这种方法简单、价格便宜，只适用于小容量电动机直接启动。

(2) 交流接触器：对小容量电动机直接启动并与带有过

载保护的设备配合使用，能达到直接启动目的。

（3）磁力启动器：它由一个交流接触器和一个热继电器组成。交流接触器用来切断和闭合电源，热继电器作为电动机过载保护。磁力启动器体积小、经济耐用、维护方便，可作频繁启动、停止之用，应用较广泛。

（4）对于高压电动机采用断路器启动。断路器与继电保护装置配合，保护电动机在异常状态下切断电源。

271．什么是自耦减压启动及在什么情况下采用此种方法？

答：自耦减压启动是降压启动电动机的方法之一，它是利用三相自耦变压器将降低的电压加到电动机定子绕组上，电动机处在低于额定电压下启动，以减小启动电流。待电动机转速接近或达到额定转速时，通过切换甩掉自耦变压器，电动机在额定电压下运行。一般情况下。根据具体情况选择自耦变压器的抽头，如果电动机的容量较小，负载较轻，可选用较低的启动电压抽头；若电动机较难启动并且机械负载较重，应选用较高的启动电压抽头。

272．什么是异步电动机过载系数？

答：电动机最大转矩与额定转矩的比值称为电动机过载系数，它是表示电动机短时过载能力和衡量其运行稳定性的一个重要依据，异步电动机过载系数用 λ 表示，$\lambda = M_m$（最大转矩）$/M_N$（额定转矩），一般电动机的过载系数为 1.8~2.5，特殊电动机过载系数为 3.3~3.4。

273．异步电动机的气隙对电动机的运行有什么影响？

答：异步电动机的气隙是决定电动机运行的一个重要因素。气隙过大将使磁阻和激励电流增大、功率因数降低、电动机性能变坏。如果气隙过小，将会使铁芯损耗增加，运行时转子铁芯与定子铁芯有可能相碰触，甚至难以启动鼠笼式转子。因此异步电动机的气隙不能过大和过小。一般中小型三相异步电动机气隙为 0.2~1.0mm，大型三相异步电动机气隙为 1.0~1.5mm。

274. 异步电动机电源电压发生波动时对运行中的电动机有何影响？

答：异步电动机转矩与端电压平方成正比，电压下降将会使电动机转矩显著变小，转差增大，定子电流增大，温度上升，寿命降低，严重时容易烧毁电机，一般只允许电压下降 5%。在电压上升过高时，铁芯磁通密度增大，使铁芯饱和，激磁电流大增，损耗增加，电机发热增加，这不仅会使效率降低、寿命缩短，有时引起高频谐振，一般电压不允许超过 $10\%U_N$（额定电压）。但一般规定电动机在 $\pm5\%U_N$ 的范围内运行。

275. 电源三相电压不平衡对电动机运行有何影响？

答：当三相电源电压不平衡时，电动机电磁转矩会减小，造成出力不足，同时会使定子和转子电流增大，引起附加发热。三相电源电压不平衡，电动机电磁噪声也会增加。因此，一旦这种情况出现，绝不允许电动机投入运行。国家标准规定，一般要求三相电源电压中任何一相电压与三相电压平均值之差不超过三相电压平均值的 5%。

276. 电源频率低对异步电动机运行有什么影响？

答：我国交流电源频率为 50Hz，而且规定当电源电压为额定值时，电源频率与额定频率的偏差不超过 ±1%。电源的频率下降会引起电动机每极磁通的增大,磁通的增加又会使产生磁通的激磁电流增大。因为激磁电流是无功电流,所以它的增大会使电动机的功率因数下降。旋转磁场的转速为 $n_1=60f/p$,频率下降,旋转磁场的转速 n_1 将随频率成正比地降低。所以电动机转速降低,会使风量减少,散热困难,导致温升增加。总之,频率降低,将使电动机的定子总电流增大,功率因数下降,效率降低,所以,一般情况不允许超过国家标准对电源频率规定的数值。

277. 异步电动机在什么条件下运行时经济、可靠、安全?

答:每台电动机都有特定的技术数据,它记载着电动机规定的运行条件,一般情况只按电动机铭牌标示的额定电压、额定频率和接线方式运行就可以了。但是要做到经济、可靠和安全运行,还应保证电动机周围无杂物和无有害气体,并保持周围环境清洁。另一方面要注意电动机与所带的负载相"匹配"。一般情况下要根据工作条件和所带负载轻重,正确选择电动机类型和容量,保证电动机在额定条件下运行,从而做到经济、可靠和安全。

278. 异步电动机超负载运行有何危害?

答:电动机超负载运行会破坏电磁关系的平衡,使电动机转速下降、温升增大。如果短时间过载还能维持运行,若长时间超过电动机额定电流运行,将会使绝缘过热而迅速老化,严重时会烧毁电动机。所以电动机长时间超载运行是不允许的。

279. 三相异步电动机常见的电气故障有哪些?

答:电动机电气故障有:

(1) 单相运行 定子绕组单相运行是最常见故障之一。

三相电源中只要有一相断路就会造成单相运行,它一般是由于熔断丝的熔断、开关触头或导线接头接触不良等原因造成的。单相运行会使电动机不能启动并发出异常声音;在运行中的电动机发生单相运行,会使绕组过热,负载重时会烧毁电动机。

(2)三相绕组首尾错接时,会发生绕组反接故障 接通电源后,会出现三相电流严重不平衡。造成转速下降,温升剧增,振动加剧,声音急变等现象,如处理不及时,很容易烧坏电动机的绕组。

(3)三相电流不平衡故障 它常由电动机外部电源电压不平衡引起,如开关触头接触不良等。如果电动机内部有匝间短路或重修电动机时把极相组内的线圈接反等也会造成这种故障。

(4)绕组短路和绕组接地 绕组短路和绕组接地都会造成电流过大,都不能使电动机启动和运行,最终都会使电动机过热,严重时会很容易使电动机烧毁。

(5)鼠笼条断路 鼠笼转子铸铝导体断路时,会使定子电流不正常,发生时高时低的周期性变化,出现忽大忽小不正常的噪声,使电动机整体振动,而且负载越重,振动越显著。

280. 如何选择电动机的容量?

答:应根据电动机的发热情况来选择电动机的容量。通常电动机的发热情况又与负载的大小及运行时间的长短有关。

(1)长期运行电动机的容量:在恒定负载下长期运行的电动机容量等于生产机械所需的功率除以效率。对在变动负载下长期运行的电动机,在选择容量时,常采用等效负载法。假设用一个恒定负载代替实际的变动负载,如果两者发热情况相同,则所选电动机的容量等于或略大于等效负载。

(2) 短时运行电动机的容量:短时运行方式是指电动机的温升在工作期间未达到稳定值而停止运转。电动机短时运行,可容许过载,工作时间越短,则过载可以越大,但不能无限增大,必须小于电动机的最大转矩。电动机的预定功率大于或等于生产机械要求的功率除以 λ,λ 为过载系数。

(3) 重复短时运行电动机的容量:专门用于重复短时运行的交流异步电动机为 JZR 和 JZ 系列。标准负载持续率分 15%、25%、40% 和 60% 四种,重复运行周期不大于 10min。电动机功率按等效负载法选择。

281. 三相异步电动机有哪些保护?

答:电动机常设以下几种保护:

(1) 短路保护;

(2) 过载保护;

(3) 单相运行保护;

(4) 失压保护;

(5) 接地保护。

282. 电子型电动机保护器有哪些新产品?

答:国家公布替代热继电器的电子型电动机保护器新产品常用的有以下几种。

(1) GDBT6-BX 系列电动机全保护装置。它属于温度检测型。主要技术参数:

① 输入电压 交流 220V 或 380V。

② 保护功能及特点 适用于发电机、电动机、变压器、电焊机的各种断相、过负荷、堵转、欠压、过压、扫膛、轴承磨损、通风受阻、环境温度过高等故障保护。

③ 电压在 170~450V 波动时能正常工作。

(2) DBJ 系列、JL 系列、GBB 系列、GDH 系列、JRD22 系列、YDB 型电动机保护器。它们属于电流检测型，或电流检测+温度检测型。主要技术参数：

① 输入电压　分为两种，一种为交流 220V、380V 或 660V，另一种为无源（自供电）。

② 保护功能及特点　适用于断相启动、运行断相、过负荷、堵转、三相电流不平衡、欠压、过压等故障保护及故障显示、报警、自锁等。

(3) DZJ-A 型电动机智能监控器。主要技术参数：

① 输入电压　交流 220V 或 380V。

② 保护功能及特点　适用于断相、过负荷、堵转、短路、欠压、过压、漏电等故障保护及电流、电压显示、时间控制，软件自诊断、来电自恢复、有自启动顺序、故障记忆、自锁、远传报警、计算机联网、监控监测等。

283. 电动机和线路怎样选择熔断器的熔体？

答：(1) 电动机所用熔断器熔体的选择。

① 鼠笼型异步电动机所用熔断器熔体的额定电流，可选择为电动机额定电流的 1.5~2.5 倍。

② 绕线型异步电动机所用熔断器熔体的额定电流，可选择为电动机额定电流的 1~1.25 倍。

③ 启动时间较长的鼠笼型异步电动机所用熔断器熔体的额定电流，可选择为电动机额定电流的 3 倍。

④ 连续工作制直流电动机所用熔断器熔体的额定电流，可选择与电动机额定电流相等。

⑤ 反复短时工作制直流电动机所用熔断器熔体的额定电流，可选择电动机额定电流的 1.25 倍。

⑥ 降压启动的鼠笼型异步电动机所用熔断器熔体的额定电流，可选择电动机额定电流的 1.05 倍。

（2）配电线路所用熔断器熔体的选择。配电线路熔体额定电流 I_{er} 的计算公式为

$$I_{er} \geqslant \frac{I_{qd1} + I_{g(n-1)}}{\alpha}$$

式中　I_{qd1}——线路中启动电流最大一台电动机的启动电流，A；

　　　$I_{g(n-1)}$——除启动电流最大的一台电动机以外的线路工作（计算）电流，A；

　　　α——计算系数，取值范围见表 5。

表 5　计算系数 α 的取值范围

启动时间，s	α 值
3 以下	2.86~4
3~8	2~2.5
8 以上或启动频繁者	1.67~2

（3）照明线路所用熔断器熔体的选择。照明线路额定电流 I_{er} 的计算公式为

$$I_{er} \geqslant \frac{I_g}{\alpha_m}$$

式中　I_g——线路工作（计算）电流，A；

　　　α_m——计算系数，其取值范围决定于启动状况和熔断器特性，见表 6。

表6 计算系数 α_m 的取值范围

熔断器型号	熔体材料	熔体额定电流，A	α_m 白炽灯、荧光灯、卤钨灯、金属卤化物灯	α_m 高压汞灯	α_m 高压钠灯
RL1	铜、银	≤60	1	0.59~0.77	0.67
RC1A	铅、铜	≤60	1	0.67~1	0.91

284. 怎样安装热继电器？

答：(1) 热继电器安装方位应与使用说明书中规定的方向一致，一般与垂直安装面的倾斜度不得超过50°。

(2) 对于与交流接触器配套的组合安装式（非电流互感器式）热继电器的安装，应选用与交流接触器主接线端子适配的接线螺钉。安装时，先把热继电器的挂钩插入接触器相应的沟槽中，再把热继电器的导电杆插入接触器的主接线端内，然后紧固主接线端上的螺钉即可。

285. 怎样调试热继电器？

答：热继电器整定电流调节旋钮上的刻度往往与需要的整定值不一致，这时需要进行调试。调试方法有试验室的精确调试和现场的近似调试两种。热继电器连接导线规格见表7。

表7 热继电器连接导线规格

热继电器额定电流 I_e A	连接导线截面积 mm²	热继电器额定电流 I_e A	连接导线截面积 mm²
$0 < I_e \leq 8$	1	$50 < I_e \leq 65$	16
$8 < I_e \leq 12$	1.5	$65 < I_e \leq 85$	25

续表

热继电器额定电流 I_e A	连接导线截面积 mm^2	热继电器额定电流 I_e A	连接导线截面积 mm^2
$12 < I_e \leqslant 20$	2.5	$85 < I_e \leqslant 115$	35
$20 < I_e \leqslant 25$	4	$115 < I_e \leqslant 150$	50
$25 < I_e \leqslant 32$	6	$150 < I_e \leqslant 160$	70
$32 < I_e \leqslant 50$	10	$160 < I_e \leqslant 225$	95

八、变频器与软启动器

286. 变频器是什么装置？

答：变频器是把工频电源(50Hz 或 60Hz)变换成各种频率的交流电源，以实现电动机变速运行的设备。它是利用电力电子半导体器件的快速通断作用将工频电源变换为另一频率的电能控制装置。各国使用的交流供电电源，无论是民用还是工业应用，其电压和频率都为 380V/60Hz（50Hz）、220V/60Hz(50Hz) 或 110V/60Hz(50Hz) 等。通常，把电压和频率固定不变的交流电变换为电压或频率可变的交流电的装置称为变频器。为了产生可变的电压和频率，变频器（交—直—交）首先要把电源的交流电变换为直流电（DC），也称 AC/DC 变换（整流器），然后再将直流电（DC）变换为电压或频率可变的交流电（AC）输出，称为 DC/AC 变换（逆变）。用于荧光灯的变频器主要用于调节电源供电频率。变频器的工作原理被广泛应用于各个领域。

287. 当电动机的旋转速度改变时，其输出转矩会如何？

答：变频驱动电动机的启动转矩和最大转矩要小于直接用工频电源驱动的启动转矩和最大转矩，电动机在工频电源供电时，电动机的启动和加速冲击很大，而当使用变频器供电时，这些冲击就要弱一些。当使用变频器时，变频器的输出电压和频率是逐渐加到电动机上的，所以电动机产生的转矩要小于工频电网供电的转矩值。所以变频驱动的电动机启动电流要小些。通常电动机产生的转矩要随频率的减小（速度降低）而下降。

288. 变频器如何分类？

答：(1) 按变换环节分。

① 交—交变频器　把频率固定的交流电直接变成频率连续可调的交流电。它的主要优点是没有中间环节，故变换频率高，但其可调的频率范围窄，一般为额定频率的1/2以下。主要用于容量较大的低速拖动系统中。

② 交—直—交变频器　先把频率固定的交流电整流成直流电，再把直流电逆变成频率连续可调的三相交流电。由于把直流电变成交流电的环节较易控制，所以其频率的调节范围以及在改善频率后电动机的特性等方面都具有明显的优势，目前得到广泛应用。

(2) 按电压调节方式分。

SPWM（脉宽调制）：变频器输出的电压大小通过改变输出脉冲占空比来进行调制。其分类如下：

① 按中间直流电源滤波性质可分为电压源型和电流源型。

② 按控制方式可分为变幅宽调制（PAM）与恒幅脉宽调制。

③ 按调制波形可分为矩形波脉冲调制（脉冲等幅、等矩、等宽且可调型）与正弦波脉冲调制（脉冲等幅、等矩、不等宽且不可调型，SPWM）。

④ 按比较信号频率可分为同步式与异步式。

⑤ 按调制极性可分为单极性与双极性。

目前普遍应用的是占空比按正弦规律安排的正弦波脉冲

调制（SPWM）方式。

(3) 按直流环节的储能方式分。

① 电流型　直流环节的储能条件是存在电感线圈 L。

② 电压型　直流环节的储能条件是存在电容器 C。

289. 交—直—交变频器是基于什么原理工作的？

答：变频装置有两大类。一类是由工频直接转接成可变频率的，称为"交—交变频"，另一类就是"交—直—交变频"，即先把工频交流整流成直流，再把直流"逆变"成频率可变的交流。交—直—交交频器的工作原理是把工频交流电通过整流器变成平滑直流电，然后利用半导体器件（GTO、GTR 或 IGBT）组成的三相逆变器将直流电变成可变电压和可变频率的交流电。采用微处理器控制的正弦脉宽调制方法（SPWM）可使输出波形近似于正弦波，用于驱动异步电动机，实现无级调速。利用变频器可以根据电动机负载的变化实现自动、平滑地加速或减速，基本保持异步电动机固有特性转差率小的特点，具有效率高、范围宽、精度高且能无级变速的优点。

290. 变频器的接地保护功能可以检测出漏电吗？

答：可以。在变频器的输出侧发生接地短路事故时，若在输入侧装有漏电保护装置，则可以保证人身安全，同时可以防止变频器损坏。

291. 变频器的频率调节范围如何？

答：通用型变频器的最高输出频率一般不高于 400Hz，最低输出频率不低于 0.1Hz，各种变频器的调频范围各不相同。我国工业用的普通电动机最高工作频率不宜超过 100Hz。

292. 什么是矢量控制？

答：为了使鼠笼型异步电动机快速响应运行（像由晶闸管供电的直流电动机那样），控制变频器输出电流的大小、频率及相位，用以维持电动机内部的磁通为所规定的值，产生所需的转矩，这就称为矢量控制。或者说根据异步电动机的动态数学模型，对电动机的转矩电流分量和励磁电流分量分别进行控制。

293. U/f 变频器和矢量控制变频器有哪些优缺点？

答：U/f 变频器的缺点如下：

在整个速度范围内都无法调节转矩，转速趋近零时转矩响应很差，速度调节性不佳。因为是开回路控制，动态响应不佳，未做电流调节，导致电动机低转速时的运行效率下降，选用变频器时通常要加大一级，以产生额定的电动机转矩。

矢量控制变频器的优点如下：

（1）能调节电动机转矩，在整个电动机转速范围提供恒定转矩；闭环控制驱动系统提供绝对速度控制；低转速运行时仍维持高效率；选用变频器时不必加大一级，即可在低转速时获得额定电动机转矩值；典型功率因数值为 0.95；有无电动机转速回馈都可运行；动态响应及效率均优于直流电动机。

（2）低频转矩大，即使运行在 1Hz（或 0.5Hz）时，也能产生足够大的转矩，且不会产生在 U/f 控制方式中容易遇到的磁路饱和现象；机械特性好，动态响应好，尤其是有转速反馈的矢量控制方式，其动态响应时间一般都能小于 100ms；能进行四象限运行。

294. 何为变频器的基本 U/f 线？

答：在变频器的输出频率从零上升到基本频率 f_{BA} 的过程中，满足电压调节比等于频率调节比即 $K_U=K_f$ 的 U/f 线称为基本 U/f 线。

295. 变频器在运行中能显示哪些参数？

答：通常情况下显示的是变频器的输出频率，在需要时也可显示设置频率。变频器还能显示输出电压（单位为 V）、输出电流（单位为 A）及加速、减速时间（单位为 s）。

296. 变频器的寿命有多长？

答：变频器虽为静止装置，但也有像滤波电容器、冷却风扇那样的消耗器件，如果对它们进行定期维护，一般寿命可达 10 年以上。

297. 变频调速系统能否长时间在低速情况下运行？

答：这和电动机的种类有关，如果是变频调速的专用电动机，则长时间低速运行不存在任何问题。如果是普通电动机，则因为低速时电动机内部的散热情况变差，其负载能力有所下降。一般来说，当工作频率为 20Hz 时，负载能力只有额定值的 90%；而当工作频率为 1Hz 时，负载能力只有额定值的 60% 左右。所以，普通电动机负载能力大于额定值的 90% 时，不能在 20Hz 以下长期运行。

298. 什么是变频器效率？

答：变频器效率是指其本身的变换效率，交—交变频器尽管效率较高，但调频范围受到限制，应用也受到限制。目前，通用的变频器主要为交—直—交型，其工作原理是先把工频交流电通过整流器变换成直流电，然后用逆变器再变换成所需频率的交流电。所以，交—直—交变频器的损耗由三部分组成，整流损耗约占总损耗的40%，逆变损耗约占总损耗的50%，控制回路损耗占总损耗的10%。其前两项损耗随着变频器的容量、负荷、拓扑结构的不同而变化，而控制回路损耗不随变频器容量、负荷变化而变化。变频器采用大功率自关断开关器件，其整流损耗、逆变损耗等都比传统电子技术中的整流损耗小。变频器在额定状态运行时，其效率为86.4%~96%，其效率随着变频器功率的增大而提高。

299．变频器谐波是如何产生的？

答：变频器的主电路一般为交—直—交拓扑结构，外部输入380V/50Hz的工频电源经三相桥路不可控整流成直流电压，经滤波电容滤波及大功率晶体管开关元件逆变为频率可变的交流电压。在整流回路中，输入电流的波形为不规则的矩形波，矩形波形按傅里叶级数分解为基波和各次谐波，输入电流的5次谐波可达20%，7次谐波可达12%，由于输入谐波较高，将对供电系统产生干扰。在逆变器输出回路中，输出电流信号是受PWM载波信号调制的脉冲波形，对于GTR大功率逆变元件，其PWM的载波频率为2~3kHz，而IGBT大功率逆变元件的PWM最高载频可达15kHz。同样，输出回路电流信号也可分解为只含正弦波的基波和其他各次谐波，而高次谐波电流对负载直接干扰。另外，高次谐波电流还通过电缆向空间辐射，干扰附近的电气设备。谐波的传播途径是传导和辐射，解决传导干扰主要是在电路中把传导的高频电流滤掉或者隔离；解决辐射干扰就是对辐射源或被干扰的线路进行屏蔽。

300．变频器有几种启动方式？

答：变频器具有正常启动和软启动两种方式。

正常启动：变频器按正常方式启动后，按设置频率开环运行，或按被控量的期望值闭环运行。

软启动：变频器启动后，不论设置的频率是多少，变频器都直接升速到系统参数中提供的电网投切频率，然后变频器封锁输出，给出"工频投切"指令，控制电气切换联锁电路，将被软启动的电动机由变频器驱动切换至工频电源运行。

301．如何延长变频器寿命？

答：变频器的寿命与使用环境温度密切相关，如果周围温度高于10℃，寿命就会降低一半，所以应尽量把环境温度降低。影响变频器寿命的主要电气元器件如下：

（1）电解电容　由于电解液的自然蒸发，标准寿命为5年。变频器电解电容寿命的判断方法：断电后，LED灯灭得太快（与其他机器比较）；频繁出现低电压报警（以前很少出现）。

（2）风扇　由于润滑油的老化，标准寿命为2~3年。变频器风扇寿命的判断方法：风扇运转时有摩擦声；电源切断时，很快停下来。

302．如何测量变频器的绝缘电阻？

答：具体测量方法如下。

（1）外接线绝缘电阻的测量。为了防止兆欧表的高压加到变频器上，在测量外接线路的绝缘电阻时，必须把需要测量的外接线路从变频器输出端子上拆下后再进行测量，并应注意检查兆欧表的高压是否有可能通过其他回路施加到变频器上，若有，则应将所有有关的连线拆下。

（2）变频器主电路绝缘电阻的测量。在对变频器主电路绝缘电阻进行测量时，必须把所有进线端（R、S、T）和出线端（U、V、W）都连接起来后再测量其绝缘电阻，如图4所示。

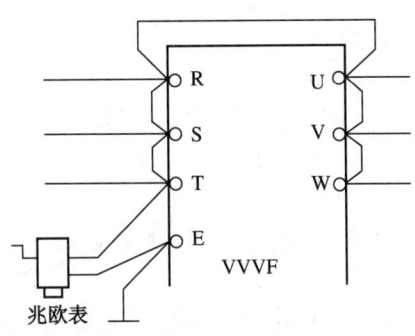

图 4　变频器绝缘电阻测量

303. 变频器各部分有哪些常见故障？主要原因有哪些？

答：变频器各部分的常见故障现象及主要原因有：

（1）开关电源。故障现象为面板无显示，变频器不工作。主要原因：过电压导致开关烧损、器件劣化、变压器故障等。

（2）整流桥。常见故障为整流二极管损坏。引起故障的主要原因有：正负母线放电短路，大容量电解电容器短路或性能劣化，重复送电引起的直流过电压，制动单元损坏等。

（3）逆变桥。常见故障是逆变桥损坏。引起故障的主要原因有：减速过快引起直流电压上升超过开关器件的额定电压，驱动电路故障引起失控或欠驱动，开关电源电压异常等。

（4）驱动电路。逆变桥模块损坏后有可能导致驱动电路损坏；当正负电压异常时，会使驱动晶体管或厚膜电路限流或阻尼电阻、光电耦合器损坏。

（5）CPU。故障现象为六路输出脉冲中某路异常或程序显示异常。常见故障原因为 EEPROM 故障，CPU 及 IC 损坏。

（6）插接件。故障现象为插板接触不良，插头接触簧片移位脱落，插头插座位置插错。插接件故障会引起逆变桥短路，造成严重后果。

304. 变频器运行中出现过流或过载跳闸有哪些原因？

答：变频器运行中出现过流或过载跳闸的原因有两类：一类是外部原因，另一类是变频器本身的原因。变频器本身的原因又包括参数设计方面的原因和硬件方面的原因。

（1）外部原因。

① 电动机负载突变，引起冲击电流过大。

② 电动机升速过程中电动机的转矩必须大大超过负载转矩，否则升速时间太长。若升速时间设定太短，就会引起失速，造成变频器过流跳闸。

③ 电动机和电动机电缆相间或每相对地的绝缘被破坏，造成匝间或相间对地短路而导致过流。

④ 在变频器输出侧浪涌吸收装置的电容、非线性电阻、限幅二极管等元件的性能劣化或损坏，也会引起跳闸。

⑤ 当装有测速编码器，速度反馈信号丢失或非正常时，也会引起过流，应检查编码器及其电缆。

（2）变频器参数设计原因。

① 如加速时间太短，PID 调节器的比例 P、积分时间 I 等参数设计得不尽合理，超调过大等，造成变频器输出电流振荡。

② 低频时，为了不降低输出转矩 M，采用了电压提升（也称转矩提升）措施。若此电压提升过大，会导致电动机

磁通饱和，使变频器输出电流过大而引起跳闸。

③ 启动频率选得过低，变频器输出电压也很低，启动转矩不够大，电动机不能正常启动或启动时间过长，从而导致变频器过流或过载保护动作。

(3) 变频器硬件原因。

① 电流互感器损坏。其故障现象表现为变频器主回路送电，当变频器未启动时，有电流显示且电流在变化。据此可判断互感器已损坏。

② 主电路接口板电流、电压检测通道被损坏，也会出现过流。主电路接口板损坏的可能原因有三个方面：一是使用环境太差，接口板受导电粉尘、腐蚀性气体等侵蚀造成损坏；二是接口板的零电位与机壳连在一起，当柜体焊接时，强大的电弧会导致接口板损坏；三是接地不良，接口板的零电位受干扰，造成接口板损坏。

③ 插接件连接不良。如电流或电压反馈信号线接触不良，会出现过流故障时有时无的现象。

305．变频器受负载"冲击"有哪些原因？

答：当变频器所带的负载是机械设备时，若使用不当，不但会使机械设备产生机械冲击，破坏机械设备的正常功能和参数，使它不能正常工作，而且还会使变频器受到电冲击，造成大功率半导体器件击穿或过流损坏。变频器使用（设定）不当，同样会使其受到电冲击。

变频器输出的是按正弦波规律排列的等电压方波串，称为 PWM 正弦波。调整每个波的宽度，可以调整输出电压的高低，变频器处于开关状态，每个波的产生都会带来一定的感应电动势。由于电动机为感性负载，在开机、关机等状态时会产生很大的冲击电压，称为"泵电压"或"泵电流"。

虽然变频器内部装有吸收保护回路和刹车吸收系统，用于克服泵电压和泵电流，但若泵电压或泵电流超过大功率半导体器件的耐压值或最大工作电流值，则大功率半导体器件将会被击穿。其中泵电压的危害更为常见。

306．怎样避免变频器受负载"冲击"？

答：为了保障变频器的安全运行，避免变频器受负载"冲击"，必须处理好以下问题：

（1）保证变频器有充足的加速、减速时间。变频器在开机或升速时，都有软启动功能；在关机或减速时，都有软关断功能。在机械设备允许的范围内尽量增加加速、减速时间。

（2）当变频器拖动的机械设备为冲击性负载或大惯量负载时，除了要正确设定加速、减速时间外，还要处理好冲击性负载的问题。解决的办法一般有两个：一个是增加变频器的容量；另一个是增设强磁制动能，通过增强电动机定子的磁场强度，化解冲击性负载在强减速时产生的"泵电压"或"泵电流"，将冲击带来的功率余量释放掉。

（3）在应用变频器的机械设备中，严禁使用机械制动或其他外加的"电制动"，否则会损坏变频器。

（4）严禁在运行中断开或接通输出线，否则会给变频器带来严重的"泵电压"和"泵电流"，损坏变频器。

（5）当变频器输出线在运行中必须接通或断开开关（如接触器）时，必须严格按以下步骤操作：先通过控制系统使变频器暂停，即使电动机停止运行，再切换变频器输出线上的开关，待输出线上的开关重新接通后，方可重新启动运行按键，使变频器投入正常运行。

307. 从主变频器切换到备用变频器的过程中为什么容易出现过流跳闸现象?

答:即使主变频器与备用变频器的设置给定均相同,当主变频器因故障跳闸后,将负载从主变频器切换到备用变频器上时,经常会出现备用变频器过流跳闸现象。产生这种现象的主要原因有:

(1) 若此时电动机仍在运行,主变频器、备变频器切换的瞬间电压波正好过零,则冲击电流就很小;若电压波正处于峰值,则冲击电流就很大。

(2) 切换过程中电动机转速会下降,电动机会产生冲击电流,在某些情况下(如存在冲击负载和大惯量负载),冲击电流会很大。

(3) 变频器至电动机之间的控制电缆很长,电缆对地的分布电容较大,如果变频器未采取抑制措施,输出的谐波电流值就很大,再加上以上两种或其中一种原因,都可能使峰值电流达到变频器的过电流动作值而跳闸。

(4) 具有"速度搜索"功能的变频器未充分利用"速度搜索"功能,或对该功能的速度及动作电流、时间等参数的设定不正确。

308. 从主变频器切换到备用变频器的过程中出现过流跳闸怎样解决?

答:解决方法:

(1) 加大备用变频器容量,或将变频器的过流动作值调大,以满足切换时出现峰值电流要求。

(2) 加装同期切换装置,即尽可能在电压过零时切换,避免峰值电流的冲击。

(3) 在安装变频器时,尽可能将变频器与被控制电动机的距离缩短，以减小电缆分布电容的影响。

（4）可在变频器一侧加装交流电抗器，以降低谐波电流。谐波电流小了，对电动机运行也有好处，能减小电动机的发热，减少损耗。

（5）对本身设有"速度搜索"功能的变频器，应充分利用该功能。"速度搜索"功能是对由于惯性仍在旋转的电动机进行速度搜索，并从搜索到的某个速度开始投切备用变频器，使电动机平滑地启动至设定速度。这一功能特别适用于电动机由工频驱动到变频驱动，或从主变频器切换到备用变频器。使用该功能，需要对起始速度、动作电流、时间进行设定。

309. 变频调速系统的电源异常表现形式有几种？

答：变频器供电电源异常表现形式有缺相、电压波动、瞬间停电，有时几种异常形式同时出现。

（1）缺相。虽然二极管输入及使用单相控制电源的变频器在缺相状态也能继续工作，但在电源缺相时整流器中个别器件电流过大及电容器的脉冲电流过大，变频器若在供电电源缺相时长期运行，将对变频器的寿命及可靠性造成不利影响，并导致调速系统的性能下降。变频器电源系统应设有缺相保护和缺相报警装置。

（2）电压波动。造成变频器供电电源的电压波动有系统的原因，如同一个供电系统内出现对地短路及相间短路故障而引起的电压波动，也有在同一个供电回路内有直接启动的大电动机和电弧炉等设备启动或运行而引起的电压波动。对此变频器的供电系统可采取与其他用电设备不在同一配电变压器供电，以减小相互的影响。

(3) 瞬间停电。对于数毫秒以内的瞬时停电，变频器的控制电路仍能工作正常。但如果瞬时停电时间达 10ms 以上，通常不仅控制电路误动作，主电路也不能供电，变频器将停止运行。对于要求瞬时停电后继续运行的变频调速系统，在系统设计时应选择具有瞬间停电功能的变频器，外部控制回路应设有瞬停补偿方式和测速单元。当电源恢复后，通过速度追踪和测速电动机的检测来防止在系统加速时的过电流。对于要求必须连续运行的变频调速系统，要对变频器加装自动切换的不停电电源装置。

310. 变频器过电流的原因是如何分类的？

答：变频器过电流的原因可分为外部原因和变频器本身的原因。

(1) 外部原因。

① 电动机负载突变，引起的冲击过大而造成过流。

② 电动机和电动机电缆相间或每相对地的绝缘破坏，造成匝间或相间对地短路，因而导致过流。

③ 过流故障与电动机的漏抗、电动机电缆的耦合电抗有关，所以选择电动机电缆一定按照要求去选。

④ 在变频器输出侧有功率因数补偿电容或浪涌吸收装置。

⑤ 当装有测速编码器时，速度反馈信号丢失或非正常时也会引起过流。

(2) 变频器本身的原因。

① 参数设置问题：例如加速时间太短，PID 调节器的比例 P、积分时间 I 参数不合理，超调过大，造成变频器输出电流振荡。

② 变频器硬件问题：电流互感器损坏，其现象表现为变

频器主回路送电，当变频器未启动时，有电流显示且电流在变化，这样可判断互感器已损坏；主电路接口板电流、电压检测通道被损坏，也会出现过流。

311. 富士变频器显示"OC1"、"OC2"、"OC3"故障信息如何处理？

答：变频器显示"OC1"、"OC2"、"OC3"故障信息为变频器加速中过电流、减速中过电流和恒速中过电流，此故障产生的原因主要有以下几种。

（1）加速时间过短，这是过电流现象中最常见的原因。依据不同负载情况相应地调整加速、减速时间，就能消除此故障。

（2）大功率晶体管的损坏将引起 OC 故障。富士变频器的大功率晶体管随着半导体技术的发展经过了几次换代，从早期的用于 G2（P2）、G5（P5）、G7（P7）系列的 GTR 模块，到 G9（P9）系列的 IGBT 模块，直到现在使用的 IPM 模块，无论从封装技术还是保护性能，都有了很大的提高。高耐压、大电流、高频、低耗、静音、多保护功能已成为大功率晶体管模块的发展趋势。造成大功率晶体管模块损坏的主要原因有：①输出负载发生短路；②负载过大，大电流持续出现；③负载波动很大，导致浪涌电流过大，都可能引起 OC 故障，损坏功率模块。

（3）驱动大功率晶体管工作的驱动电路的损坏也是导致过流故障的原因。富士 G7S、G9S 分别使用了 PC922、PC923 两种光耦作为驱动电路的核心部分，内置放大电路，线路设计简单。驱动电路损坏表现出的最常见现象就是缺相或三相输出电压不平衡。

（4）检测电路的损坏也会导致变频器显示 OC 故障。检

八、变频器与软启动器

测电流的霍尔传感器由于受温度、湿度等环境因数的影响，工作点很容易发生漂移而导致变频器显示 OC 故障。

312. 富士变频器显示 OLU 故障信息如何处理？

答：当 G/P9 系列变频器显示 OLU 故障信息时，应首先检查"转矩提升"、"加减速时间"和"节能运行"的参数设置，其次测量变频器的输出是否真正过大，最后用示波器观察主板左上角检测点的输出来判断主板是否已经损坏。若参数设置不当，应重新设置参数；如果电动机负载大，可考虑增大变频器容量或者减小负载；检测主板输出不正常，通常是更换主板。

313. 富士变频器显示 OU1、LU 故障信息如何处理？

答：富士变频器显示 OU1、LU 故障信息为欠压和过压故障，有输入电源因素而引起的故障报警，也有变频器的检测电路损坏而引起报警的可能性。

变频器出现"OU1"报警信息时，首先应考虑电缆是否太长，绝缘是否老化，直流中间环节的电解电容是否损坏，同时针对大惯量负载可以考虑做一下电动机的在线自整定。另外，在启动时用万用表测量一下中间直流环节电压，若测量仪表显示电压与操作面板 LCD 显示的电压不同，则主板的检测电路有故障，需更换主板。

如果变频器经常显示"LU 欠电压"报警信息，则可考虑将变频器的参数初始化（HO3 设成 1 后确认），然后提高变频器的载波频率（参数 F26）。若 E9 设备"LU 欠电压"报警且不能复位，则是电源驱动板故障。

在同一电源系统情况下，如果遇到有大的启动电流负载存在时，电源容量一定，电流突然间变大，电压必然下跌而造成欠压报警。解决的方法只能是增大电源容量。还有一种情况就是变频器主电源失电,但变频器的运行命令仍在,也会出现欠电压报警,这种情况不是变频器故障或是电源容量不够所造成,而是操作不当造成的。

314. 富士变频器显示 EF 故障信息如何处理?

答:变频器显示 EF 故障信息为对地短路故障。G/P9 系列变频器出现此报警时,可能是主板或霍尔元件出现了故障。

315. 富士变频器显示 Er1 故障信息如何处理?

答:变频器显示 Er1 故障信息为存储器异常。G/P9 系列变频器"Er1"故障的处理方法是去掉 FWD-CD 短路片,上电,一直按住 RESET 键下电,直到 LED 电源指示灯熄灭再松手,然后再重新上电,看 Er1 故障信息是否复位。若通过这种方法也不能解除,则说明内部码已丢失,只能换主板。

316. 富士变频器显示 Er7 故障信息如何处理?

答:变频器显示 Er7 故障信息为自整定不良。G/P11 系列变频器出现此故障报警时,一般是充电电阻损坏(小容量变频器)。另外,要检查内部接触器是否吸合,接触器的辅助触点是否接触良好;若内部接触器不吸合,可首先检查驱动板上的 1A 保险管是否损坏,但也可能是驱动板故障,应检查送给主板的两个信号是否正常。

317. 富士变频器显示 Er2 故障信息如何处理?

答:变频器显示 Er2 故障信息的面板通信异常,对 11kW 以上的变频器,当 24V 风扇电源短路时,会出现此报警信息(主板问题)。对于 E9 系列机器,一般是显示面板的 DTG 元件损坏,该元件损坏时会连带造成主板损坏,表现为更换显示面板后上电运行时立即出现 OC 报警。而对于 G/P9

机器，一上电就显示"Er2"报警，则是驱动板上的电容失效。有两种原因可能引起此类故障：一是操作面板坏导致，需更换新的面板；二是控制板坏，解决方法是去掉FWD-CD短路片，上电，一直按住RESET键下电，直到LED电源指示灯熄灭再松手，然后再重新上电，看Er2故障信息是否复位。若通过此种方法也不能解除，则说明内部码已丢失，只能换主板。

318. 如何诊断富士变频器运行无输出故障？

答：运行无输出故障分为两种情况：一是如果变频器运行后LCD显示器显示输出频率与电压上升，而测量输出无电压，则是驱动板损坏；二是如果变频器运行后LCD显示器显示的输出频率与电压始终保持为零，则是主板出了问题。

319. 什么是软启动器？它与传统减压启动器有何不同？

答：传统鼠笼型异步电动机的启动方式有Y-△启动、自耦减压启动、电抗器减压启动、延边三角形减压启动等。这些启动方式都属于有级减压启动。有级减压启动存在着启动转矩不可调、启动过程中会出二次冲击电流、对负载机械有冲击转矩、受电网电压波动影响大等缺点。软启动器可以克服上述缺点。

软启动器是目前最先进、最流行的电动机启动器。它一般采用16位单片机进行智能化控制，可无级调压至最佳启动电流，保证电动机在负载要求的启动特性下平滑启动，在轻载时能节约电能。同时，对电网几乎没有什么冲击。

软启动器实际上是一个调压器，只改变输出电压，并没有改变频率。这一点与变频器不同。

320. 软启动器的工作原理是怎样的？

答：软启动器是一种集电动机软启动、软停车、轻载节能和多种保护功能于一体的新型鼠笼型异步电动机的控制装置。

在软启动器中三相交流电源与被控电动机之间串有三相反并联晶闸管及电子控制电路。软启动器通过单片机控制晶闸管触发脉冲、触发角的大小，进而改变晶闸管的导通程度，从而改变加到定子绕组的三相电压。异步电动机的转矩近似与定子电压的平方成正比。当晶闸管的导通角从0°开始上升时，电动机开始启动，随着导通角的增大，晶闸管的输出电压也逐渐升高，电动机便开始加速，直至晶闸管全导通，电动机在额定电压下工作。电动机的启动时间和启动电流的最大值可根据负荷情况设定。

软启动器可设定的最大启动电流为直接启动电流的0.99倍；可设定的最大启动转矩为直接启动转矩的0.80倍；线电流过载能力为电动机额定电流的1~5倍。软启动器可以实现无级启动。

321. 软启动器有哪些主要功能？

答：软启动器借助于单片机进行控制，它通常具备以下主要功能。

（1）自检功能。软启动器通电后，系统内部进行自检，如果有故障，则立即报警。

（2）额定电流设定。电动机额定电流应为软启动器额定电流的70%~100%。一旦软启动器的额定电流确定，也同时设定了电子过载保护器的跳闸等级。

（3）软启动功能。接到启动命令，软启动器自动进入启动程序，在规定的时间内（一般为0.5~60s可调）输出一个呈线性上升的电压给电动机。其初始电压即为电动机的启动电压。初始电压一般设定为10%~60%的电动机额定电压；终止电压为电动机的额定电压。在启动操作前，启动电压的大小、上升时间等参数均可预先设定。对电动机的转矩可在5%~90%的锁定转矩值之间调节。

（4）脉冲突跳启动功能。若负载在静止且具有较大阻力矩的状态下启动，可在斜坡软启动开始之前采用脉冲突跳启动。例如向电动机施加95%的额定电压，时间0.5s，以克服电动机启步时的阻力矩。软启动器可提供500%额定电流的电流脉冲，调整时间范围为0.4~2s。

（5）平滑加速及平滑减速功能。通过单片机分析电动机变量的状态并发出控制命令，可对类似离心泵负载的启动及停止平滑地加速、减速，来减小系统中出现的喘振。启动时间可在2~30s之间调整，停止时间可在2~120s之间调整。

（6）旁路切换功能。当启动结束、电动机达到额定转速时，软启动器输出切换信号，将电动机旁路切换至电网供电，以降低软启动器长期运行的热损耗。可以采用一台软启动器分别控制多台电动机的启动。

（7）软停止功能。软启动器在接到软停机的指令后，自动执行软停止程序，输出电压从额定值线性降至启动时的初始值。软停止斜坡时间可单独设定，一般在0~240s内。

（8）快速停止功能。该功能用在比自由停车快的场合。制动在设有附加的接触器或附加电源设备的情况下完成。制动电流的大小可在满载电流的150%~400%范围调整。

（9）低速制动功能。该功能主要用于电动机需正向低速定位停车和需要制动控制停车的场合。慢速调制速度为额定速度的7%（低）或额定速度的15%（高）；当加速时间为

2s时，低速加速电流可在50%~400%范围调整；制动电流可在150%~400%之间调整；低速电流限制可在满载电流的50%~450%之间调整；不能采用突跳启动。

（10）电流限制功能。最大软启动电流可以设置。若启动电流超过该设定值，电动机电压将受到限制不再升高，直到电动机电流降到电流设定值为止。通常电流限制的设定值为200%~500%的电动机额定电流（可调）。在启动过程中，若在规定时间内电流无法降至电流限制的设定值水平之下，则过电流切除功能投入运行，终止启动操作。

（11）节能功能。当电动机负载较轻时，软启动器自动降低施加于电动机上的电压，从而提高电动机的功率因数，达到节能的目的。

（12）保护功能。

① 过热保护。当软启动器散热器的温度超过设定值时，温度传感器动作，保护电路切断软启动器的输出。

② 晶闸管损坏保护。当一个或多个晶闸管损坏时，软启动器将报警。

③ 缺相保护。当三相交流电源发生缺相故障时，软启动器将立即关断并显示故障。

322．使用软启动器应注意哪些问题？

答：（1）软启动器本身没有短路保护，为了保护其中的晶闸管，应该采用快速熔断器。快速熔断器应根据软启动器的额定电流来选择。必须指出，由于低压断路器开断时间较长（约为0.1s），不宜用于晶闸管的保护。

（2）当软启动器使电动机制动停机时，只是由于晶闸管不导通，使电动机的输入电压为零，但在电动机与电源之间并没有形成电气隔离。因此在检修电动机或线路时，必须切

断供电电源。为此，应在软启动器与电源之间增设断路器。

（3）当软启动器功率较大或者台数较多时，产生的高次谐波会对电网造成不良影响，并对电子设备产生干扰。为此，可在电动机的启动线路中装设旁路接触器，当电动机平稳启动至正常转速时，旁路接触器闭合，把软启动器短接。即在启动完成之后，大功率晶闸管不再工作，从而消除高次谐波对电网及电子设备的干扰。

（4）软启动器内置有多种保护功能（如失速及堵转测试、相间平衡、欠载保护、欠电压保护、过电压保护等），具体应用时应根据实际需要通过编程来选择保护功能或使某些保护功能失效。例如，在突然断电比过负载造成的损失更大的场合，其过负载保护应作用于信号而不应作用于切断电路。

（5）软启动器的使用环境要求比较高，应做好通风散热工作，安装时应在其上、下方留出一定空间，使空气能流过其功率模块。当软启动器额定电流较大时，要采用风机降温。

323. 软启动器适用于哪些场合？

答：软启动器在各类电力拖动中可全面取代传统的Y-△启动器、自耦减压启动器等。根据软启动器的功能，尤其适用于以下场合。

（1）正常运行时电动机不需要具有调速功能，只解决启动过程的工作状态。

（2）在正常运行时负载不允许降压、降速。

（3）电动机功率较大（如大于100kW），启动时，会给变压器运行造成不良影响。

（4）电动机运行对电网电压要求严格，电压降不大于

10%U_e。(额定电压)。

(5) 设备精密,设备启动不允许有启动冲击。

(6) 设备的启动转矩不大,可进行空载或轻载启动。

(7) 中大型电动机需要节能启动。从初投资看,功率在75kW以下的电动机采用自耦减压启动器比较经济。功率在90~250kW的电动机采用软启动器较合算。

(8) 油田输油泵、注水泵等大型输注设备。

324. 哪些场合最适宜软启动器作轻载运行?节能效果如何?

答:以下场合最宜采用软启动器作轻载降压运行,并能收到较好效果:

(1) 短时有负载、长期轻载运行的场合(负载率$k<35\%$),如油田抽油机,机械制造厂冲床、剪床等。

(2) 配套电动机功率太大,电动机长期处于轻载运行。

(3) 电网电压长期偏高(如长期在400V以上),而电动机额定电压为380V的场合,用软启动器作降压运行。其节电效果大致为:当负载率小于35%时,电动机节电率可达20%~50%;当负载率在35%~50%范围内时,节电率显著减小;当负载率大于50%时,节电率几乎为零。

如电动机额定功率为90kW,额定效率为92%,则电动机额定损耗为:

$\Delta P = (1-0.92) \times 90 = 7.2$ (kW)

电动机空载降压运行节电:

$\Delta P_s = (20\% \sim 50\%) \times 7.2 = 1.44 \sim 3.6$ (kW)

325. 选用软启动器或选用变频器应考虑哪些因素?

答:交流电动机是采用软启动器还是采用变频器,应根

八、变频器与软启动器

据具体情况,综合分析多种因素选用。考虑的主要因素有:

(1) 负荷类型及调速要求。对于负荷较轻,又不需要调速机械,或有轻载节能启动要求的机械,应选用软启动器。启动完毕便退出运行。

(2) 对于负载转矩很大(不小于电动机额定转矩的一半),且没有调速要求的设备(如由大容量高压电动机驱动的风机、水泵等机械),应选用变频器启动方式。启动完毕变频器即停止运行。

(3) 在既要软启动或软停车又要调速的场合,不论是低压电动机还是高压电动机,也不论它的负载转矩的大小,只能选用变频器。用于调速的变频器启动后将随电动机连续运行。

九、天然气发电机

326．简述同步发电机的工作原理。

答：同步发电机所谓"同步"，就是说发电机的转子由发动机拖动旋转后，在定子和转子的气隙里便产生一个旋转磁场，这个旋转磁场是发电机的主磁场，又称为转子磁场。当主磁场切割定子三相电枢绕组的线圈时，就会产生三相感应电动势，接通负载后，在电枢绕组中流过感应电流，这个交变电流也在发电机的气隙中产生一个旋转磁场。这个旋转磁场称为电枢磁场，又称为定子磁场。根据右手螺旋定则，电枢磁场的等效磁极 N′、S′，如图 5（a）所示。当主磁场由发动机拖动旋转到一个新的位置时，电枢磁场的等效磁极 N′、S′ 也随之旋转到另一位置，如图 5（b）所示。

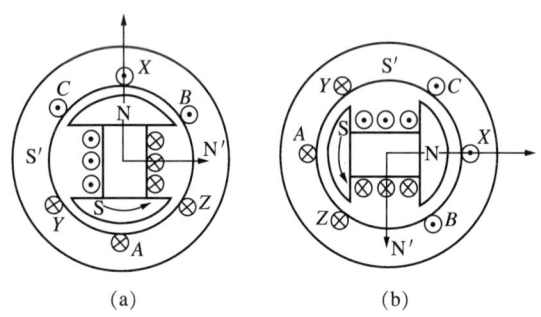

图 5　发电机的"同步"示意图

由图5可知，主磁场被发动机拖动旋转时，它拉着电枢旋转，就像两块磁铁之间有相互吸引力一样。就是说发电机的转子带动电枢磁场以同一转速旋转，二者之间保持同步，故称为同步发电机。电枢磁场的转速称为同步转速。

327．说明12V190系列燃气发动机的工作循环。

答：四冲程燃气发动机每一个气缸的工作循环都是由吸气、压缩、作功、排气四个冲程组成的。发动机完成一个完整的工作循环，曲轴转动两周，活塞往复运动两次。

328．何谓活塞的上止点？

答：活塞在气缸里作往复直线运动时，当活塞向上运动到最高位置，即活塞顶部距离曲轴旋转中心最远的极限位置，称为上止点。

329．何谓活塞的下止点？

答：活塞在气缸里作往复直线运动时，当活塞向下运动到最低位置，即活塞顶部距离曲轴旋转中心最近的极限位置，称为下止点。

330．何谓活塞行程 S？

答：活塞从一个止点到另一个止点移动的距离，即上止点、下止点之间的距离称为活塞行程。

331．何谓进气提前角？有何作用？

答：在排气冲程接近终了，活塞到达上止点之前，进气门便开始开启。从进气门开始开启到上止点所对应的曲轴转角称为进气提前角（或早开角）。进气提前角用 α 表示。

作用：进气门早开，使得活塞到达上止点开始向下运动时，因进气门已有一定开度，所以可较快地获得较大的进气通道截面，减少进气阻力。

332. 何谓排气提前角？有何作用？

答：在作功行程的后期，活塞到达下止点前，排气门便开始开启。从排气门开始开启到下止点所对应的曲轴转角称为排气提前角（或早开角）。排气提前角用 γ 表示。

作用：

（1）利用气缸内的废气压力提前自由排气。恰当的排气门早开，气缸内还有大约 300~500kPa 的压力，做功作用已经不大，可利用此压力使气缸内的废气迅速地自由排出。

（2）减少排气消耗的功率。提前排气，等活塞到达下止点时，气缸内只剩约 110~120kPa 的压力，使排气冲程所消耗的功率大为减小。

（3）高温废气的早排，还可以防止发动机过热。

333. 简述12V190系列燃气发电机组的基本结构。

答：12V190系列燃气发电机组由12V190系列燃气发动机、机组底盘、发电机、机组控制屏配套而成，发动机及发电机装配在公共底盘上，发电机组所发出的电能由控制屏输出。

334. 气缸盖的作用是什么？

答：（1）与气缸套、活塞共同构成燃烧室；

（2）用于安置进气门、排气门机构和火花塞部件。

335. 12V190系列发动机进气系统由哪些部件组成？

答：12V190系列发动机进气系统由空气滤清器、调压阀、混合器（或燃料进气控制阀）、进气管线组成。

336. 12V190系列发动机启动系统由哪几部分组成？

答：12V190系列发动机启动系统多采用电动马达启动系统，利用24V直流电源，借助于电动马达将电能转换为机械能，驱动发动机运转。

337. 12V190系列发电机采用哪几种点火方式？

答：12V190系列发电机采用磁电机点火或数字点火两种方式。

338. 发电机控制电路电子调速部分由哪些部件组成？

答：主要由转速传感器、电子调速装置、转速微调电位器（RP2）等组成，实现转速的设定、测量及控制的功能。转速微调电位器、电子调速装置的控制器均位于控制屏仪表区，转速传感器、电子调速装置的驱动器及执行器位于发动机上。

339. 发电机电压调整回路由哪些部分组成？

答：主要由发电机电压调节器（AVR）（位于发电机内）、电压整定电位器RP1、功率因数"手动/自动"转换开关SA12、功率因数"手动调整"开关SA9、功率因数自动控制器PFC及发电机的励磁部分（位于发电机内）组成。

340. 发电机励磁及其电压的调节是如何实现的？

答：发电机首先依靠内部剩磁或外部充磁建立较低的输出电压，该电压作用于励磁部件而产生的励磁电流促使该电压不断上升，最后稳定于整定值。此时，如自动电压调节器不接入励磁系统，则发电机从空载到满载的整个范围内，其输出电压始终高于额定值。当自动电压调节器接入励磁系统后，即有一部分励磁电流流过该调节器中的可控硅和电阻所构成的分流电路。分流电流的大小由调节器根据负载大小自动调节，保证发电机在整个负载范围内，其输出电压始终等于额定值。

341. 发动机气门间隙的调整周期如何确定？

答：当发动机运行250h或在拆检气缸盖、配气机构等有关零部件后，都必须检查并调整气门间隙。

342. 发动机气门间隙调整原则是什么？

答：调节某一缸的气门间隙，必须在该缸处于压缩冲程上止点时调节（此时，该缸进气门、排气门都处于关闭状态）。

343. 发动机气门间隙如何调整？

答：(1) 盘转飞轮，直至指针指到飞轮"0"刻度。此时，一缸活塞处于上止点位置（盘车时可将火花塞卸下，使气缸内外大气相通，减少盘车阻力）。

(2) 取下一缸气缸盖罩壳，判断一缸所处的工作状态。

用手捻转挺杆上端，若两个挺杆均能轻松地转动，则表明一缸处于"压缩冲程"上止点；若两个挺杆均不能转动，则表明一缸处于"吸气冲程"上止点。此时，用手捻转六缸挺杆上端，两个挺杆必然均能轻松地转动，六缸处于"压缩冲程"上止点。

调整顺序：若一缸处于"压缩冲程"上止点，在指针指示飞轮刻度"0"位时，调整一缸进气门、排气门间隙；然后按照 1-8-5-10-3-7-6-11-2-9-4-12 的顺序，每将飞轮盘转60°，调整对应气缸的进气门、排气门间隙。

若一缸处于"吸气冲程"上止点，在指针指示飞轮刻度"0"位时，调整六缸进气门、排气门间隙；然后按照

6—11—2—9—4—12—1—8—5—10—3—7—6 的顺序，每将飞轮盘转60°，调整对应气缸的进气门、排气门间隙。

（3）调整横桥上的调节螺钉，使横桥两端的凸头与同名气门杆顶面接触，不留间隙。

（4）调整摇臂与横桥之间的间隙。

344．如何调节火花塞间隙？

答：（1）用火花塞专用扳手（M18）卸下火花塞。

（2）清除火花塞电极处的积炭等污物。

（3）用电极间隙调节工具调整电极间隙至规定值。火花塞电极间隙一般为0.65mm。当间隙值增大到0.89mm时，火花塞将出现失火现象，使发动机运转不稳定，甚至停车。

（4）重新将火花塞装入气缸盖；扭紧力矩为43～52N·m。

（5）如经调整的火花塞仍不能正常工作，应予以更换。

345．何谓发动机的点火提前角？

答：发动机实际在活塞到达压缩冲程上止点前就点火，点火时刻到压缩冲程上止点间活塞的位移折算成曲轴转角，即称点火提前角。

346．说明测量点火提前角的方法——倒拖法。

答：（1）在发动机飞轮刻度0°前后60°范围内贴上示波器纸，按照飞轮原有刻度在示波纸上做出同样的刻线。

（2）把发动机第一缸高压点火线拔掉，换上专用的加长导线，使导线一端插入点火线圈输出端，另一端固定在飞轮指针尖端处，导线的末端离示波器纸2～4mm。

（3）在切断气源的条件下，按下启动按钮，使启动马达拖动发动机运转。此时，导线末端和示波纸之间放电、出现火花，把示波器纸击穿。

（4）几秒后，松开启动按钮，停止启动马达，取下示波器纸查看，某一区域有密集的黄色焦点，焦点密集位置对应的刻度即为当前机组点火提前角。

347. 如何调整点火提前角？

答：松开磁电机与齿轮箱连接的法兰上螺栓，顺时针或逆时针旋转磁电机，即可调整点火提前角。站在发电机组正面，面向磁电机，把磁电机按顺时针方向旋转，可将点火提前角向滞后方向调整约10°曲轴转角；把磁电机按逆时针方向旋转，可将点火提前角向提前方向调整约10°曲轴转角。每次调节完毕后，再用倒拖法检验，直到调整到需要的精确值。

348. 如何安装磁电机（以调整点火提前角至32°曲轴转角为例）？

答：（1）盘转飞轮，至一缸处于压缩冲程上止点位置的"0"刻度，再倒回32°，即指针指示328°。此时，与磁电机连接的齿轮箱转盘凹槽倾斜方向确定。

（2）转动磁电机连接塑料盘，使转轴上旋转的短红刻线对准磁电机正面面板上的CCW线。此时，磁电机连接塑料盘的倾斜方向确定。

（3）松开齿轮箱侧面观察盖上的紧固螺钉，取下观察盖，观察两个锥齿轮的啮合情况；松开与磁电机转盘连接的小锥齿轮轴紧固法兰螺钉，将小锥齿轮连同齿轮轴一同抽出；转动小锥齿轮，直至与磁电机连接的齿轮箱转盘凹槽倾斜方向和磁电机连接塑料盘的倾斜方向一致；再把小锥齿轮连同齿轮轴装回原处，盖好观察盖，装上磁电机。此时，发动机点火提前角近似为32°。

（4）可用倒拖法检查点火提前角的实际值，调整至需要的数值。

九、天然气发电机

349．活塞磨损的原因是什么？

答：活塞沿气缸壁往复运动生产的摩擦作用；燃油、润滑油或空气中的固体微粒产生磨料磨损；润滑油选用不当或油环安装不正确，造成润滑不良；燃油或润滑油中含有腐蚀性物质，产生化学蚀损；活塞制造质量差，造成早期磨损。

350．活塞组的主要功用是什么？

答：与气缸套、气缸盖构成气缸工作容积和燃烧室，依靠活塞上下移动，使气缸容积周期地改变着，从而实现天然气发动机的进气、压缩、膨胀、排气等过程；承受燃气的压力作用，并通过连杆传给曲轴；密封气缸，防止燃气漏入曲轴箱内，并阻止过多的机油窜入气缸内。

351．活塞常见的故障有哪些？

答：活塞常见的故障有：
(1) 活塞裙部磨损；
(2) 活塞环槽平面磨损；
(3) 活塞外表面产生线痕和擦伤；
(4) 活塞烧损与断裂。

352．活塞断裂的主要原因是什么？

答：天然气发动机超负荷使用；发动机冷却系统故障，如缺水或水温过高，造成发动机过热；活塞与气缸配合间隙过小，活塞受热膨胀后，产生卡缸现象，使活塞折断；气缸内漏入冷却水或落入零件、杂物等，产生顶缸现象，造成活塞断裂。

353．活塞环的功用是什么？

答：气环的功用是密封气缸，防止燃气漏入曲轴箱，并传送活塞顶部所吸收的热量。油环的功用是将气缸壁上过多的润滑油刮下，防止机油窜入燃烧室。

354. 何谓活塞环开口间隙并有什么要求？

答：自由状态下活塞环切口具有较大的开口尺寸，装入气缸后，切口处仍要求具有一定间隙，称为开口间隙。对该间隙值有一定规定和要求。间隙过大会造成漏气严重；间隙过小，活塞环受热膨胀时，又会造成活塞环卡死或折断事故。

355. 何谓环槽端面间隙并有什么要求？

答：活塞环装入环槽内，环与环槽平面间也有一定间隙要求，称为环槽端面间隙。该间隙过小，工作时会使环卡死在环槽内而丧失密封作用；间隙过大，又会产生泵油现象，造成严重的烧机油。

356. 活塞环磨损的原因是什么？

答：(1) 活塞环随着活塞在气缸套内壁往复运动，由于摩擦作用而产生磨损。

(2) 活塞环与气缸壁贴合不良或活塞环外圆表面张力不均，造成局部接触应力过大，使油膜破坏出现局部干摩擦现象，从而使活塞环磨损加剧。

357. 活塞环常见故障有哪些？

答：活塞环磨损严重会造成弹力下降、咬死与断裂等。

358. 什么是活塞环的泵油作用？

答：当活塞向下运动时，在环与气缸壁之间的摩擦力和环的惯性力作用下，使环压紧在环槽的上端面，而其下部充满机油。当活塞接着向上运动时，环压向环槽的下端面，并把机油挤向边隙上方。如此反复，便将机油逐渐泵向活塞顶压入燃烧室。这种现象称为活塞环的泵油作用。

359. 连杆的作用是什么？

答：连杆的作用是连接曲轴和活塞，把作用在活塞上

九、天然气发电机

的力传给曲轴,将活塞的往复直线运动转变为曲轴的旋转运动。

360. 对连杆的要求有哪些?

答:要求连杆应具有足够的强度与刚度。为了减轻惯性力的影响,应尽量减轻连杆重量。

361. 连杆组常见故障有哪些?

答:连杆小头衬套磨损;连杆小头衬套座孔及大头轴瓦座孔变形;连杆的弯曲和扭曲;连杆螺栓的损坏。

362. 连杆组常见故障产生原因有哪些?

答:产生连杆弯曲和扭曲的原因是由于使用操作不当所引起的,如超负荷运行、气缸内落入异物而发生顶缸事故、活塞咬死等,都会造成连杆顶弯。另外装配不正确也会使连杆发生弯扭变形。

363. 曲轴组的功用是什么?

答:曲轴组的功用是把活塞往复运动变成旋转运动,将作用在活塞上的气体压力变成扭矩,用来驱动工作机械和发动机各辅助系统进行工作。

364. 曲轴常见故障有哪些?

答:主轴颈与连杆轴颈的磨损;曲轴弯曲;曲轴裂纹与断裂。

365. 轴瓦常见故障有哪些?

答:轴瓦磨损;轴瓦减磨合金出现裂纹与剥落;轴瓦减磨合金急剧磨损与烧熔;轴瓦的腐蚀;减磨合金表面刮痕。

366. 轴瓦装配时的注意事项是什么?

答:在装配轴瓦时,严禁采用在瓦背处垫上纸片或修锉轴承座结合面的方法调整瓦背与轴承座孔的贴合,这样会造成轴瓦的散热条件恶化,破坏曲轴精度,造成极端恶劣的影响。

367. 曲轴弯曲变形的原因是什么？

答：(1) 连杆衬瓦和曲轴衬瓦的间隙过大，未及时校正。

(2) 内燃机经常超负荷工作，或经常发生"爆震"燃烧。

(3) 内燃机经常发生"飞车"。

(4) 曲轴衬瓦的间隙过小，或各道曲轴衬瓦的中心线不在一条直线上。

(5) 点火时间或供油时间过早。

(6) 多缸内燃机各缸活塞组的重量差过大。

(7) 多缸内燃机各缸提前点火角度或供油角度相差过大。

(8) 对曲轴长时期不合理地存放。

368. 曲轴、轴承磨损的原因是什么？

答：使用不合格机油；不按时更换机油及机油内渗入水使机油变质；机油不清洁，润滑系统受阻，机油压力偏低；曲轴与全轴瓦、连杆轴瓦的配合间隙过大或过小；发动机经常超负荷运转或发生"飞车"事故等。

369. 凸轮轴磨损的原因是什么？

答：凸轮轴表面受到周期地冲击负荷作用，与挺杆表面产生摩擦而引起的；当润滑油路不畅通而造成缺油现象或者机油变质、压力偏低、润滑不良时，使局部接触面出现干摩擦，会引起更为严重的磨损。

370. 凸轮轴的作用是什么？

答：凸轮轴的作用是通过传动机件（挺柱、推杆、摇臂）准确地按一定时间控制气门的开启与关闭，保证天然气

九、天然气发电机

发动机按一定规律进行换气。

371. 凸轮轴常见故障有哪些？

答：凸轮表面的磨损、擦伤和出现麻面；支承轴颈严重磨损及凸轮轴衬套烧损。

372. 说明伍德沃德2301速度及负荷控制器面板调整电位器的中文解释。

答：DROOP——有差调整；调整范围：额定速度的0%~10%，顺时针为增大方向。

LOAD GAIN——负荷增益调整，并车时提供机组最大的负荷标定，顺时针为减小方向。

LOW IDLE SPEED——怠速调整；调整范围：额定转速的30%~100%，顺时针为增大方向。

RAMP TIME——斜坡发生器；表示怠速和额定工况之间的过渡时间，顺时针为增大方向。

RATED SPEED——额定速度设定；顺时针为增大方向。

ACTUATOR COMPENSATION——执行器补偿调整，相当于速度PID中的微分调节。

GAIN——速度控制的增益调整，影响动态过程的调速率幅度，顺时针为增益增大方向。

RESET——速度控制的复位调整，影响动态过程的恢复时间；顺时针为时间增大方向。

START FUEL LIMIT——启动限油；调整范围：执行器输出的25%~100%，顺时针为增大方向。

373. 伍德沃德2301速度及负荷控制器各端脚是如何接线的？

答：端脚1、2、3：三相电动势PT的输入；输入范围90~240V AC。

端脚 4、5：A 相电流 CT 的输入，输入范围 0~5A。

端脚 6、7：B 相电流 CT 的输入，输入范围 0~5A。

端脚 8、9：C 相电流 CT 的输入，输入范围 0~5A。

端脚 10、11、12：负荷分配线 (+、−，屏蔽线)，并接到其他同类控制器的负荷分配线。

端脚 13：负荷信号测试端 (+) 与脚 11(−) 结合使用。

端脚 14：有差调节触点开关输入端。

端脚 15、16：电源输入负极、正极。

端脚 17：最小限油开关输入。

端脚 18：屏蔽转速信号丢失功能选择开关。

端脚 19：急速/额定速度选择开关输入，开关闭合为额定速度工作方式。

端脚 20、21：到执行器的控制输出。

端脚 22：执行器和外接转速微调位器的屏蔽线接线端。

端脚 23、24：转速微调电位器接线端。

端脚 25、26：同步控制信号输入；可接收 ±1.5V DC 的信号，对应的调节范围为 ±1%；如果同步的输入 ±5V DC 的信号，速度调节范围为 ±3.3%。

端脚 27：为同步输入线和速度信号输入的屏蔽线接线端。

端脚 28、29：转速信号输入端，接收范围 1 ~ 30V AC (交流有效值)。

374．说明 2301 速度及负荷控制器启动限油——调节范围、作用。

答：执行器输出的 25%~100%，调节面板上的启动限油电位器，选择适当的启机燃料供应量，可以防止发动机启机冒黑烟，改善启机排放，提高系统燃料的经济性。启动限油的低限为：执行器输出不低于 3V DC，发动机一旦投入正常运行，启动限油功能会自动地被速度 PID 控制取代。

375. 说明 2301 速度及负荷控制器各旋钮启机的初始设置。

答：额定转速电位器：逆时针旋到最小位置；如果使用外部微调电位器，将其置于中间位置。

复位调整电位器：位于中间位置。

增益调整电位器：置于中间位置。

斜坡发生器：顺时针旋到最大位置。

低怠速电位器：顺时针旋到最大位置。

负荷增益：位于中间位置。

有差调节：逆时针旋到最小位置。

补偿调整电位器：对于柴油机、燃气机或燃油喷射汽油机，设置在刻度 2；如果是化油器式燃气发动机或汽油机、汽轮机，调在刻度 6。

启动限油：顺时针调到接近最大。

376. 发电机初始启机时 2301 速度及负荷控制器如何调整？

答：(1) 给控制器上电。

(2) 预调额定速度。

如果没有信号发生器，将额定速度电位器调至最小位置。

如果使用信号发生器，需要计算出对应额定速度的频率值，然后把此频率的正弦波信号输出到控制器的 28、29 脚，来模拟转速信号。同时把万用表接到控制器的 20、21 脚，用直流电压挡测其到执行器的电压信号。如果电压值很小，几乎为零，则慢慢调大额定速度电位器，直到执行器电压信号刚好有增大到最大的趋势；如果电压值很大，则慢慢调小速度电位器，直到执行器有输出最小的趋势。然后继续慢慢调电位器，使执行器的电压处于最小和最大之间，当电压信号变化缓慢至停，说明此位置比较接近理想的额定速度。当发动机运转时，稍微再调一下额定电位器，即可达到额定转速。

（3）检查转速传感器的接线、齿盘间隙(0.5~1.0mm)。

启机过程：对应最小控制转速，传感器信号幅值应大于 lV AC(交流有效值)。

最小控制转速确认：转速范围下限的 5% 为控制器能识别的最小值。例如，转速信号设定范围为 2000~6000Hz，则最小识别频率为 $2000 \times 5\% = 100Hz$，由此计算出对应的最小控制转速。当启机拖动转速达到该值，控制器即投入控制。

377．2301 速度及负荷控制器如何设定转速调整？

答：如果发动机运行稳定(如果使用外接微调电位器，将之调到中间)，然后慢慢调整额定转速电位器，直到发动机运行在要求的额定转速上。

378．2301 速度及负荷控制器执行器补偿如何调整？

答：如果在初始设定位置时，发动机的动态稳态性能都很好，则无须再调执行器补偿电位器。

如果仍有慢速游车，稍微增大补偿(顺时针调)，然后重新调整增益和复位，直到发动机稳定。

如果是快速游车，稍微减小补偿(逆时针调)。

379．2301 速度及负荷控制器低怠速如何调整？

答：打开怠速／额定速度开关，选择怠速运行，先把怠

速电位器顺时针调到最大，发动机速度应接近额定速度，然后逆时针调，直到规定的怠速位置。

380. 2301速度及负荷控制器斜坡发生器 (RAMP) 的调整方法是什么？

答：适度调节斜坡发生器，以使主机从怠速向额定速度过渡时过冲最小。启机时，可将斜坡发生器控制旋钮调到最大，然后再回调。

381. 2301速度及负荷控制器负荷增益如何调整？

答：做此调整，必须先使发电机组工作在恒速、单机运行模式。

准备一块万用表，用于测量控制器11（−）和13（+）脚之间的负荷电压信号。

启机，发动机加满负荷，测量负荷电压信号，并慢慢调大负荷增益，直至负荷信号达到6V。如果加不了最大负荷，则按比例调低电位器，例如，5%的负荷对应3V的负荷信号电压。

当恒速模式下进行并车或单机运行并网时，机组的运行频率必须保持一致，否则，在负载分配过程中，各机组的负载分配率将出现差异。

如果出现负荷分配不均匀，可以稍微调一下负荷增益电位器，增益增加会减少发电机的负荷。如果在一个特殊的负荷信号电压值上进行并车时出现发动机不稳定，此时逆时针调低负荷增益来减少这个电压信号，并且将其他机组的负荷设定电压也调整一致。这样做的结果，有可能因为降低了负荷分配增益，影响负荷分配灵敏度。

382. 发动机不能启机,执行器没有开到启动位置的故障原因是什么？如何解决？

答：(1) 电源极性接反了或没给电源。

解决方法：测量控制器的输入脚 16(+) 和 17(−)，检查电源电压。

(2) 驱动器或执行器对输入信号没有响应。

解决方法：测量控制器 20 (+)、21(−) 脚上的电压输出，如果有信号，但执行器没动作，则查一下执行器的电气接线，一般执行器的内阻小于 50Ω。如果是全电执行器，也可能是驱动器的问题。

(3) 启动限油值太低。

解决方法：调大启动限油值，直到发动机能启动。

(4) 执行器或连杆有问题。

解决方法：检查执行器及连杆的安装和动作情况，问题可能是供油、旋向、零件磨损等情况。

(5) 控制器 20 和 21 脚之间没有控制信号输出。

解决方法：

① 停机，拆掉 20、21 脚上的连线，检查与之相关设备的接线情况，确认有无短路或接地。

② 如果检查正常，则合上 18 脚上的开关，启用屏蔽信号丢失功能，短接 23、24 脚，检测 20、22 脚的电压输出，对于正向输出的控制器应为 18~22V，反向输出为 0~1V。

③ 如果上述步骤一切正常，启机，检查转速传感器信号。启机过程对应最小的控制转速，信号幅值至少有 1V AC。

(6) 最小供油开关打开了。

解决方法：检查控制器 17 脚上的短接片是否被打开了，

九、天然气发电机

15 脚（-）和 17 脚之间的电压应为 20~40V DC。

383. 判断发动机一启机就超速的原因是什么？如何解决？

答：(1) 斜坡发生器（RAMP）时间调整太短，控制器反应过快。

解决方法：适当调整（顺时针）斜坡发生器，减小升速率。

(2) 额定速度设定太高。

解决方法：逆时针调小额定速度电位器。

(3) 控制 PID 参数调整不当。

解决方法：适当增大增益，提供相应速度。

(4) 驱动器失去控制能力。

解决方法：检查驱动器电源。

(5) 发动机问题。

解决方法：确认齿条连杆的状态，有无卡死现象，检查超速保护装置。

384. 发动机启机超速或冒黑烟的原因是什么？如何解决？

答：(1) 启机限油功能无效。

解决方法：控制器应在启机前加电，否则会旁路启机限油功能。

(2) 2301A 控制器的原因。

解决方法：如果即使额定速度调到最小，控制器的输出电压还没有回落，或执行器输出没有减油趋势，可能是控制器有问题；如果信号电压回落了，而执行器的输出仍维持不变，则应检查执行器连杆。

385. 说明额定工况运行一段后发动机出现超速的原因。如何解决？

答：(1) 发动机问题。

解决方法：检查发动机供油系统。在超速期间，如果执行器已经回到最小位置，可能是发动机供油出问题了。

(2) 传感器和控制器的问题。

解决方法：检查传感器的输出，怠速时应大于1V AC；如果转速信号丢失且信号丢失屏蔽功能失效，则控制器将输出最大。

(3) 2301A 控制器放大器的问题。

解决方法：手动控制发动机，把额定转速电位器逆时针调到底，测量到执行器的信号，如果信号电压不为零，就检查一下速度设定范围是否正确；如果一切正常，就需更换控制器。

386. 说明发动机调不到低怠速的原因。如何解决？

答：(1) 执行器和发动机最小限位。

解决方法：低怠速设定可能低于执行器的最小位置或停车位，这种情况输出到执行器的电压为零。执行器或发动机的最小限油位使发动机维持在最小供油位置或最小停车位置。应该通过调整连杆（柴油机）或调整低怠速螺钉（汽油机）来降低发动机的最小限油位置，或者提高低怠速旋钮的位置。

如果以上措施仍解决不了问题，那就是控制器有问题。

(2) 低怠速电位器问题。

解决方法：如果调整此电位器引起不稳定情况，可能是电位器有问题，更换控制器确认。

九、天然气发电机

387. 当怠速/额定速度转换开关打开时,发动机没有降速的原因是什么?如何解决?

答:(1)开关动作有误。

解决方法:检查此开关动作,拆掉19脚上的接线,发动机应减速。

(2)怠速调整过高。

解决方法:打开怠速/额定速度开关,逆时针缓缓调低怠速电位器,直到发动机稳定在希望的怠速值上。

(3)2301斜坡发生器的问题。

解决方法:怠速/额定速度转换开关动作有误,控制器可能还维持在升速位置,否则可能是电路有问题。总之,在怠速位,调怠速电位器应该影响转速,但在额定速度位,改变怠速电位器是不会影响额定转速的。注意:额定速度设定控制能力很强,它有足够的范围使得发动机从怠速直接升到额定速度。所以,在怠速工况时,不要去调额定速度电位器,否则,当切换到额定速度工况时,即使触点闭合时间不长,也可能引起超速。

388. 发动机空载时稳定不下来,或带载时不稳定的原因是什么?如何解决?

答:(1)速度设定控制器的问题。

解决方法:如果调外部速度微调电位器会引起发动机转速不稳,应停机检查此电位器。必要时用非润滑油电器清洗剂清洗此电位器。

如果是控制器面板上的电位器有问题,应更换控制器。

(2)连杆调整不合适。

解决方法:确认从空载到满载执行器的行程大致为全程范围的2/3,保证调整连杆对于汽轮机、柴油机以及燃油喷射发动机呈线性关系，对化油器发动机是非线性关系。

（3）发动机可能没有得到应有的供油量。

解决方法：检查到油泵齿条的执行器连杆有无松动等机械故障，确认有稳定的供油压力。对照说明书，检查执行器。

（4）电源电压太低。

解决方法：如果是低电压型控制器，电源至少是18V DC，高压型应是90V DC或88V AC。

389. 发电机并联运行的必要条件有哪些？

答：两台同步发电机投入并联运行的必要条件：

(1) 发电机的频率与待并机组或电网频率相同，即 $f_2=f_1$。
(2) 发电机和电网的波形相同即三相正弦交流电。
(3) 发电机和电网的电压大小及相位相同。
(4) 发电机和电网的相序一致。

条件(4)是最关键、最重要的条件，若条件(4)不满足，是绝对不允许投入并联运行的，否则将造成重大设备事故。

390. 发电机并联运行的方法有哪些？

答：发电机并联运行的方法很多，主要有自同步法和准确同步法，即同步表法。主要由操作人员将电机的电压、频率整定到符合并联运行的条件。为了判断该条件，常采用一种专门的同步指示装置（同步表MZ-10，100V）。最常用的是灯光法，采用三组同步指示灯来检验合闸条件。

有三种接线方法：

(1) 直接法(灯光明灭法)；
(2) 人交叉灯光法；
(3) 旋转灯光法。

九、天然气发电机

391. 并网运行的含义是什么？

答：(1) 单台电机及多台电机与无穷大电网并联运行。

(2) 二台电机及多台电机容量相近的电机并联运行。

392. 并网运行的功率如何分配及调节？

答：发电机与无穷大电网并联时，发电机端电压 U 及频率 f 均恒定。要想增加有功功率，就必须增大来自原动机的输大功率，调节原动机阀门。要想调节发电机的无功功率，则需要调节发电机的励磁电流，增大励磁时，输出的感性无功功率增大；反之，减小励磁时，输出的感性无功功率将减小，$\cos\phi$ 提高。

在调节有功功率时，并不能无限地增大来自原动机的输入功率，对一个特定的发电机，当励磁一定时，发电机有一个限值，若超过该值，发电机的转速将连续上升而失步。

在原动机输入功率不变时，改变励磁电流的大小，可改变发电机输出的无功功率，随之定子电流也将改变，励磁电流较大时，将有较大的感性(负载)无功功率，此时称为发电机运行于过励状态；随着励磁电流的减小，感性无功功率将减小，定子电流也随之减小，当励磁电流减小到一个特定值时，无功功率为零，此时发电机只输出有功功率，定子电流最小，此时称为发电机运行于正常励磁电流状态；若进一步减小励磁，发电机随之输出电容性的无功功率，定子电流又将增大，此时称为欠励磁状态。

393. 数台发电机如何并联运行？

答：数台发电机并联运行时，最理想的情况是总的有功功率和无功功率按各自的负载容量成比例地进行分配，体现"能者多劳，各尽所用"，容量较大的电机应该承担较大的功率，实现合理分配。

有功功率的合理分配必须使各台发电机具有相同的调速特性。各台电机的原动机随着负载的增加，转速下降的速率应相同，这样当某台电机承担的有功功率相对较多时，转速应自动下降，从而减小其输出有功功率，反之将自动增加有功功率，实现有功功率按比例分配。

无功功率的分配是否合理，取决于发电机的调压特性，即各台发电机随着无功电流的增加，电压下降的速率应相同，这样，当某台电机承担的无功功率较多时，将自动减小励磁电流，似减小其无功功率，反之将自动增大其无功功率，直至无功功率分配合理。

394. 发电机并联运行的注意事项是什么？

答：(1) 投入并联运行前，注意各台发电机相序是否一致，否则强行并车将造成电气及机件损坏。

(2) 待并机组投入并联运行时，转速要略高于被并机组（或电网），否则将造成功率倒流，逆功率继电器动作，造成并车失败；如果转速略高，就可使功率顺利转移。

(3) 机组的有功功率分配不均匀会影响到无功功率的分配，因此在并车前，要将原动机的转速调整好。在调整无功功率分配不够理想时，可反复微调几次，效果就会好一些，如果实在调整不好，那就要怀疑原动机的调速器是否有问题。

(4) 各台并联机组的输出电缆截面积不能太小，至控制屏的长度也要合适，因为电缆截面积和长度会引起电压降。若二台机组的电压降不同，则会造成无功功率分配不均，在低负载时分配差度小一些，负载大时，电压降明显不同，分配差度也大。若调整调差电位器，能改善一些分配差度，但不能根本解决。

九、天然气发电机

（5）数台发电机并联运行时注意中性线的连接，由于三次谐波的作用，当若干台发电机的中性点是互相连接在一起，或直接与变压器的中性点相连接，就会产生三次谐波电流，应在各种可能负载下测量发电机的中线电流，以便检测其三次谐波电流的大小。为了避免发电机过热，中性电流不超过发电机额定电流的50%，对于过大的中性电流应加设中性电抗器，或用类似的措施加以限制。

十、常见电气故障诊断与处理

395．钢筋混凝土电杆腐蚀的原因有哪些？

答：由于土质、水分和空气的污染，混凝土在水的长期作用下会产生腐蚀，腐蚀后钢筋混凝土变得疏松，甚至剥落。因此，混凝土电杆的地下部分或接近地面部分将出现混凝土酥碎现象，同时内部钢筋发生锈蚀，使电杆强度降低。

当发生腐蚀后，应及时涂刷防腐油膏，以防止腐蚀进一步加剧扩大，危及架空线路的安全运行。

396．造成钢筋混凝土电杆缺陷的原因有哪些？

答：在正常运行情况下，钢筋混凝土电杆不得有水泥层剥落、漏筋、裂纹、酥松、杆内积水和铁件锈蚀等现象。

钢筋混凝土电杆在运输、施工、运行过程中，有时受外力冲撞而出现小面积混凝土剥落，使钢筋裸露在外，时间过久就容易生锈。铁锈的膨胀作用使更多的混凝土被挤掉。应除掉混凝土表面的灰渣，在损伤部位的钢筋混凝土上用铅油刷几遍，效果较好。

397．发现金属杆塔基础和地下拉线棒锈蚀如何处理？

答：金属杆塔的基础一般都经过镀锌处理，具有较高的防锈能力，但埋在地下的部分仍受化学腐蚀和电化作用，尤其是在安装过程中锌皮脱落的杆塔，受腐蚀更为严重。当发现金属杆塔基础出现锈蚀时，对金属杆塔基础长年受水浸泡

十、常见电气故障诊断与处理

的沼泽地区，可在基础周围浇注 200～300mm 厚的火山灰质水泥作为防护层；对于干燥地区，应在金属杆塔基础上刷沥青防锈油。刷油前要先清除金属表面的铁锈和泥土并晾晒数小时，再把沥青加热到沸点，趁热涂刷，待沥青干燥后埋土夯实，并堆培 300mm 左右高的防沉台。

地下拉线棒的防锈处理可参照金属杆塔的防锈方法进行。

398. 什么是杆塔"冻鼓"？如何防止？

答：对于水位较高的低洼地点，由于冬季浅层地下水结冰，地基的体积增大，易将杆塔推向土壤的上层，出现杆塔"冻鼓"，轻则解冻后杆塔倾斜，重则由于埋深不足而倾倒。一般可采用下列措施以防止杆塔"冻鼓"：增加杆塔埋入的深度；在水位较高的低洼地点，将杆塔根部埋至冻土层以上，换土填石；或将地基上的泥土除掉，换上石头和培土，以保持杆塔的稳定。

在杆塔距地面的一定高度上画一标记，以观察埋深变化。当埋深减小到临界值时，应重新埋设杆塔。

399. 杆塔倾斜的原因有哪些？

答：杆塔倾斜除了有杆塔"冻鼓"的原因外，还有以下几种原因：

终端杆、转角杆或分支杆由于外力作用或拉线地锚安装不牢固，向受力方向倾斜。由于拉线地锚变形或没有安装合适的底盘，承力杆倾斜。路边、街口的杆塔受移动机械的撞击而倾斜。

杆塔倾斜会导致倒杆、断线、混线等重大事故，应根据不同情况采取相应措施。若倾斜不致影响线路正常运行，则要加强巡视，到适当季节再扶正；若倾斜杆塔威胁线路的安全运行时，必须立即矫正处理。

400．拉线折断的原因有哪些？

答：(1) 根据拉线所承受的拉力大小，合理选择拉线和拉线棒的截面积，以免在运行中由于强度不足而拉断。

(2) 采用镀锌钢绞线或镀锌铁线作为拉线，以增强耐腐蚀能力，从而提高其抗拉强度，但拉线的地下部分不宜采用镀锌钢绞线或镀锌铁线，通常采用拉线棒。

(3) 拉线不要装在路旁，以免被车撞断。若受地形限制，需设在路旁，应在拉线靠道路侧埋设护杆。

(4) 跨越道路的拉线至路面的垂直距离要符合要求。

401．如何防止拉线基础上拔？

答：(1) 根据拉线所承受的拉力和土质情况，合理选择拉线盘的规格。

(2) 安装拉线盘时，拉线棒与拉线盘要垂直，以增大拉线盘上部的承压面积。

(3) 不要将拉线盘安装在易受洪水冲刷的地点，应根据现场情况采取必要的防洪措施。

(4) 禁止在拉线周围取土，若发现有人取土，要立即制止，并填土夯实。

402．如何防止绝缘子闪络？

答：在输电线路经过的地区，由于工厂的排烟、海风带来的烟雾、空气中飘浮的尘埃和大风刮起的灰尘等逐渐积累并附着在绝缘子表面上形成污秽层，这种污秽层具有一定的导电性和吸湿性。当下毛毛雨、积雪融化、遇雾结露等潮湿天气时，湿度较高，会大大降低绝缘子的绝缘水平，从而增加了绝缘子表面的泄漏电流，以致在工作电压下可能发生绝缘子闪络和木杆燃烧事故。应采取以下预防措施：

（1）根据绝缘子的脏污情况，应定期清扫绝缘子。线路上若存在不良绝缘子，就会降低线路绝缘水平，必须对绝缘子进行定期测试。若发现不合格的绝缘子要及时更换，使线路保持正常的绝缘水平。如果线路中的绝缘子出现裂纹，其绝缘电阻常变为零，使线路的绝缘水平变低，容易发生闪络，甚至会导致接地短路事故。因此应对线路中的绝缘子进行巡视检查，发现有裂纹的，要及时更换，以保证安全可靠地供电。绝缘子出现裂纹的判断方法主要有：停电后用绝缘电阻表测量绝缘电阻，在带电的情况下用望远镜进行观察或根据放电声响进行判断等。

（2）增加悬垂式绝缘子串的片数，采用高一级的针式绝缘子，将终端杆的单茶台改为双茶台，也可将一个茶台和一片悬式绝缘子配合使用。

（3）对于严重污秽的地区，应采用防污绝缘子。一般绝缘子瓷件表面的污秽物质吸潮后，会形成导电通路。为提高绝缘子的绝缘强度，应在绝缘子上涂防污涂料。

403．绝缘子老化的危害有哪些？绝缘子老化的处理方法有哪些？

答：（1）绝缘子长期处于交变磁场中，使绝缘性能逐渐变差，金属件会逐渐锈蚀；若绝缘子内部有气隙或杂质，将会发生电离，使绝缘性能恶化更快；若绝缘子遭到雷击或操作过电压，更容易损坏。

（2）绝缘子在外部应力和内部应力的长期作用下，将会发生疲劳损伤。

（3）若绝缘子的金具镀锌质量不佳，在水分和污浊气体的作用下，会逐渐锈蚀；若瓷件部分与金具的胶合水泥密封不严，会使水进入。水泥进水后，由于结冰而体积膨胀，使绝缘子的应力增大，而水泥的风化作用也加剧，从而使绝缘子的机械强度降低。

(4) 由于绝缘子的金具、瓷质部分和水泥三者的膨胀系数各不相同，若温度剧变，瓷质部分会受到额外应力而损坏。

(5) 若绝缘子的瓷质疏松、烧制不良、有细小裂纹，会使绝缘降低而被击穿。

当发现绝缘子老化时，应针对具体情况，采取相应的措施进行处理。若发现有瓷件破损、瓷釉烧坏、铁脚和铁帽有裂缝的绝缘子，应立即更换，以免发生事故。

404. 造成零值绝缘子的原因以及零值绝缘子的处理方法有哪些？

答：对于送电线路的绝缘子串，由于绝缘电阻和分布电容不同，电压分布不均匀，当某一绝缘子上承受的分布电压值等于零时，其绝缘电阻值也等于零。

若线路上存在零值或低值绝缘子，则降低了绝缘水平，容易发生闪络现象，应及时更换绝缘子。

405. 输电导线损坏或断股的处理方法有哪些？

答：导线损坏或断股会降低导线的导电截面积和机械强度，威胁线路安全运行，应及时进行停电检修。当损伤或断股不超过15%时，对送电线路可采用钳压管修补，钳压管的长度应超过损伤部位两端各30mm；对配电线路可采用敷线修补，敷线两端的缠绕长度应超出损伤部位各100mm以上。当导线磨损截面积不超过导电部分截面积的15%或单股导线损伤深度不超过单股直径的1/3时，可用同规格导线在损伤部位进行缠绕修补，两端的缠绕长度应超出损伤部位各30mm。发现损伤、断股超过15%，导线上出现"灯笼"时，

"灯笼"直径超过导线直径的 1.5 倍，修补长度超过一个钳压管的长度；钢芯断股时，则应将损伤部位锯掉重接。

406．导线短路故障原因有哪些？

答：线路产生短路故障的基本原因是不同电位的导体之间的绝缘击穿或者相互短接。

一般造成三相短路原因有：线路带地线合闸；线路倒杆造成三相接地；受外力破坏；线路运行时间较长，绝缘性能下降等。

两相短路故障原因有：导线弧垂大，遇到大风使导线摆动，造成两相线相碰或绞线形成短路；受外力作用，如杂物搭在两根线上造成短路；遭受雷击形成短路。

（1）绝缘击穿。电路中不同电位的导体间是相互绝缘的，如果这种绝缘损坏了，就会发生短路故障。

（2）导线短接。两条不同电位的导线短接，也是造成电路短路故障的重要原因。这种短接可能是由于外力作用，也可能是人为误操作。

① 导线摆动，两相导线相碰。某高压线，由于弧垂过大，不符合要求，在风力作用下导线摆动，两相导线相碰，造成短路。

② 树枝使导线短接。线路旁一棵树越长越高，三根导线经常互相摩擦。遇到下雨天，三根导线通过树枝和雨水形成三相短路，且一相导线烧断。

③ 临时短接线未拆，造成严重短路。维修线路时，为了防止误送电而引起触电事故，通常在线路停电后挂上短接线，线路维修完毕，必须将此短接线拆除。若维修完工后，工人忘记拆除短接线，送电时便形成三相短接，三次重合闸，三次短路，强大的短路电流使开关触头严重烧坏而不能使用。

④ 鸟类等动物也是造成电路短路的重要原因。

⑤ 架空电力线路下方违章作业。在架空电力线路下方进行吊装或其他作业，不按规定操作，也容易造成电力线路短路。

407. 断路器拒绝合闸故障的分析、判断与处理方法有哪些？

答：断路器拒绝合闸时常见电气回路故障和机械故障。

发生拒合情况基本上是发生在合闸操作和重合闸过程中。拒合的原因主要有两方面：一是电气方面故障，二是机械方面原因。

(1) 电气方面常见故障。

① 若合闸操作前红、绿指示灯均不亮，说明控制回路有断线现象或无控制电源。可检查控制电源和整个控制回路上的元件是否正常。例如，检查操作电压是否正常，熔断丝是否熔断，防跳继电器是否正常，断路器辅助触头是否良好，有无气压、液压闭锁等。

② 当操作合闸后红灯不亮，绿灯闪光且事故扬声器响时，说明操作手柄位置和断路器的位置不对应，断路器未合上。

③ 当操作断路器合闸后，绿灯熄灭，红灯亮，但瞬间红灯又灭、绿灯闪光，事故扬声器响，说明断路器合上后又自动跳闸。其原因可能是断路器合在故障线路上，造成保护动作跳闸或断路器机械故障，不能使断路器保持在合闸状态。

④ 若操作合闸后绿灯熄灭，红灯不亮，但电流表已有指示，说明断路器已经合上。可能的原因是断路器辅助触头或控制开关触头接触不良，或跳闸线圈断开使回路不通，或控制回路熔断丝熔断，或指示灯泡损坏。

十、常见电气故障诊断与处理

⑤ 操作手把返回过早。
⑥ 分闸回路直流电源两点接地。
⑦ SF_6 断路器气体压力过低,密度继电器闭锁操作回路。
⑧ 液压机构压力低于规定值,合闸回路被闭锁。
(2) 机械方面常见故障。
① 传动机构连杆松动脱落。
② 合闸铁芯卡涩。
③ 断路器分闸后机构未复归到预合位置。
④ 跳闸机构脱扣。
⑤ 合闸电磁铁动作电压太高,使一级合闸阀打不开。
⑥ 弹簧操作机构合闸弹簧未储能。
⑦ 分闸连杆未复归。
⑧ 分闸锁钩未钩住或分闸四连杆机构调整未越过死点,因而不能保持合闸。
⑨ 机构卡死,连接部分轴销脱落,使机构空合。
⑩ 有时断路器合闸时多次连续做合、分动作,此时开关的辅助动断触头打开过早。

408. 对断路器拒绝跳闸故障如何分析?

答:断路器的"拒跳"对系统安全运行威胁很大,一旦某一单元发生故障时,断路器拒跳,将会造成上一级断路器跳闸,称为"越级跳闸"。这将扩大事故停电范围,甚至有时会导致系统解列,造成大面积停电的恶性事故。

出现断路器"拒跳"时,首先应判断是电气回路故障还是机械方面故障,具体判断方法如下:

(1) 检查是否为跳闸电源的电压过低所致。
(2) 检查跳闸回路是否完好,如跳闸铁芯动作良好而断路器"拒跳",则说明是机械故障。

(3) 如果电源良好,若铁芯动作无力,铁芯卡梁或线圈故障造成"拒跳",往往可能是电气和机械方面同时存在故障。

(4) 如果操作电压正常,操作后铁芯不动,则多半是电气故障引起"拒跳"。

经判断,如果是电气回路故障,其原因有:

(1) 控制回路熔断器熔断或跳闸回路各元件接触不良,如控制开关触点、断路器操动机构辅助触头、防跳继电器和继电保护跳闸回路等接触不良。

(2) 液压(气动)机构压力降低,导致跳闸回路被闭锁,或分闸控制阀未动作。

(3) 断路器气体压力低,密度继电器闭锁操作回路。

(4) 跳闸线圈故障。

经判断,如果是机械方面故障,其原因有:

(1) 跳闸铁芯动作冲击力不足,说明铁芯可能卡涩或跳闸铁芯脱落。

(2) 分闸弹簧失灵,分闸阀卡死,大量漏气等。

(3) 触头发生焊接或机械卡涩,传动部分故障如销子脱落等。

409. 对断路器拒绝跳闸故障如何判断、处理?

答:根据事故现象,可判别是否属断路器"拒跳"事故。

"拒跳"故障的特征为:回路光字牌亮,信号掉牌显示保护动作,但该回路红灯仍亮,上一级的后备保护如主变压器复合电压过电流、断路器失灵保护等动作。在个别情况下后备保护不能及时动作,元件会有短时电流表指示值剧增,电压表指示值降低,功率表指针晃动,主变压器发出沉重

"嗡嗡"异常响声,而相应断路器仍处在合闸位置。

确定断路器故障后,应立即手动拉闸。

(1) 在尚未判明故障断路器之前,而主变压器电源总断路器电流表指示值为满刻度,异常声响强烈,应先断开断路器电源,以防烧坏主变压器。

(2) 当上级后备保护动作造成停电时,若查明有分路保护动作,但断路器未跳闸,应断开拒动的断路器,恢复上级电源断路器;若查明各分路保护均未动作(也可能为保护拒掉牌),则应检查停电范围内设备有无故障,若无故障,应断开所有分路断路器,合上电源断路器后,逐一试送各分路断路器。当送到某一分路时电源断路器又再跳闸,则可判明该断路器为故障"拒跳"断路器。这时应将其隔离,同时恢复其他回路供电。

(3) 在检查"拒跳"断路器除属于可迅速排除的一般电气故障(如控制电源电压过低,或控制回路熔断器接触不良,熔断丝熔断等)之外,对一时难以处理的电气故障或机械性故障,均应联系调度,作出停用或转检修处理。

410. 对断路器误跳闸故障如何分析?

答:若电力系统无短路或直接接地现象,继电保护也未动作,断路器却自动跳闸,则称断路器"误跳"。

根据事故现象的以下特征,可判定为"误跳":

(1) 在跳闸前各种仪表信号指示正常,表示系统无短路故障。

(2) 跳闸后,绿灯连续闪光,红灯熄灭,该断路器回路的电流表及有功表、无功表指示为零。

411. 对断路器误跳闸故障如何判断、处理?

答:查明原因,分别处理:

(1) 若是由于人员误碰、误操作，保护盘受外力振动引起自动脱扣的"误跳"，应排除开关故障原因，立即送电。

(2) 对其他电气或机械部分故障，无法立即恢复送电的，则应联系调度及有关领导将"误跳"断路器停用，转为检修处理。

对"误跳"断路器分别进行电气和机械方面故障的检查、分析。

电气方面的故障原因有：

(1) 保护误动或整定位不当，或电流、电压互感器回路故障。

(2) 二次回路绝缘不良，直流系统发生两点接地（跳闸回路发生两点接地）。

机械方面的故障原因有：

(1) 合闸维持支架和分闸锁扣维持不住，造成跳闸。

(2) 液压机械分闸一级阀和逆止阀处密封不良、渗漏时，本应由合闸保持孔供油到二级阀上端，以维持断路器在合闸位置，但当漏油量超过补充油量时，在二级阀上、下两端造成压力不同。当二级阀上部压力小于下部压力时，二级阀自动返回，而二级阀返回会使工作缸合闸腔内高压油泄掉，从而使断路器"误跳"。

412．对断路器误合闸故障如何分析？

答：若断路器未经操作自动合闸，则属"误合"故障，一般应按如下方法判断、处理。

(1) 断路器"误合"的判断：手柄处于"分合位置"，而红灯连续闪光，表明断路器已合闸，但属"误合"。

处理方法：

① 应拉开误合的断路器。

② 对"误合"的断路器，如果拉开后断路器又再"误合"，应取下合闸断路器，分别检查电气方面和机械方面的原因，联系调度和有关领导将断路器停用作检修处理。

(2) 断路器"误合"原因分析。

① 直流两点接地，使合闸控制回路接通。

② 自动重合闸继电器动合触点误闭合，或其他元件某些故障导致接通控制回路，使断路器误合闸。

③ 若合闸接触器线圈电阻过小，且动作电压偏低，当直流系统发生瞬间脉冲时，会引起断路器"误合"。

④ 弹簧操动机构的储能弹簧锁扣不可靠，在有振动情况下（如断路器跳闸时），锁扣可能自动解除，造成断路器自行合闸。

413. 交流接触器线圈通电后不能吸合或吸合后又断开的原因有哪些？如何处理？

答：交流接触器是利用电磁吸力及弹簧反作用力配合动作使触头闭合与断开的一种电器。当电磁线圈不通电时，弹簧的反作用力或动铁芯的自身重量使主触头保持断开位置。当电磁线圈接入额定电压时，电磁吸力克服弹簧的反作用力将动铁芯吸向静铁芯，带动主触头闭合，辅助触头也随之动作。遇有线圈通电后不吸合或吸合后又断开的故障时，其处理方法如下：

(1) 当接触器线圈通电后不能吸合时，首先检查电磁线圈两端有无额定电压。如无电压，说明故障发生在控制回路，应根据具体电路进行检查。如有电压，但低于线圈的额定电压，使电磁线圈通电后产生的电磁吸力不足以克服弹簧的反作用力，这时应更换线圈或改接电路；如有额定电压，多数情况是线圈本身可能开路，可用万用表测量线圈电阻（测量时应断开一个端子的接线,以免误判)。若是接线螺钉松脱,应接好紧固即可。若是线圈断线,应进行修复或更换线圈。

(2) 接触器运动部分的机械机构或动触头卡阻,使接触器不能吸合。应对机械机构进行修整。调整触头与灭弧罩的位置,排除两者摩擦。

(3) 若转轴生锈、歪斜,也会造成接触器线圈通电后不能吸合。应拆开进行检查,清洗转轴及支承杆,但组装时要保证转轴转动灵活,必要时可更换零件。

(4) 控制按钮的触头失效,控制回路触头接触不良。应检查控制回路,排除故障。

(5) 接触器吸合一下又断开,通常是由于接触器自锁回路中的辅助触头接触不良,使电路自锁环节失去作用。整修常开辅助触头,保证良好的接触即可消除故障。

414. 交流接触器吸力不足(即不能完全闭合)的原因有哪些?如何处理?

答:(1) 由于控制回路的电源电压过低,电磁线圈通电后所产生的电磁吸力不足,难以将动铁芯迅速吸向静铁芯,引起接触器吸合缓慢或吸合不紧。应检查控制电路的电源电压,设法调整至额定工作电压。

(2) 弹簧压力不足,造成接触器吸合不正常;弹簧的反作用力太大,造成吸合缓慢;触头弹簧压力与超程过大,会使铁芯不能完全闭合;触头的弹簧压力与释放压力太大,也会造成触头不能完全闭合。应对弹簧压力进行适当的调整,必要时更换弹簧。

(3) 由于动铁芯、静铁芯之间的间隙过大,可动部分卡住或主轴生锈、歪斜,都会引起接触器吸合不正常。需拆开检查、重新装配,调小间隙或清洗转轴端及支承杆,组装后保证转轴转动灵活，必要时更换配件。

（4）由于长期频繁碰撞，铁芯极面不平整，沿叠片厚度方向向外扩张。可用锉刀修整，必要时更换铁芯。

（5）控制回路触头表面不清洁或严重氧化使触头接触不良，应定期清理、修复辅助触头。

415．交流接触器线圈断电后衔铁不能释放或释放缓慢的原因有哪些？如何处理？

答：（1）触头反力弹簧弹力过小或弹簧失效、损坏，不能使触头复位，应更换或调整反力弹簧。

（2）触头熔焊。可在停电后，打开灭弧装置，用细锉刀修整触头。修整时要轻轻地将熔焊的触头撬开，用砂布进行打磨，直到表面发光为止。若触头烧损严重，厚度只有原厚度的1/2以下，应更换触头。如果经常熔焊，应调换大一个电流等级的接触器。

（3）动触头弹簧压力太小，可调整弹簧压力，必要时更换弹簧。

（4）自保触头与按钮之间的接线不正确，使线圈不能断电，应改正接线。

（5）铁芯剩磁严重，应更换铁芯或磨削中柱，保持气隙为 0.1～0.3mm。

（6）铁芯极面附着油污或灰尘，可用汽油清理铁芯极面，并用干布擦净。

（7）铁芯底板安装不正确，重新正确安装。

（8）机械运动部分卡死、转轴生锈或歪斜，应检查卡住部位，清除杂物或更换严重变形零件，转轴部分除锈、加油。

416. 交流接触器噪声大，振动明显的原因有哪些？如何处理？

答：(1) 电源电压偏低，电磁吸力不足，引起铁芯振动，应调整电源电压。

(2) 触头反力弹簧压力过大或超程过大，使铁芯不能很好地闭合，应调整弹簧反力或更换弹簧，或调整行程至规定值。

(3) 可动部分有卡住现象，使铁芯无法吸合，应排除卡住现象。

(4) 铁芯极面有异物、锈蚀、毛刺或过度磨损，使极面不平，导致铁芯极面接触不良。应清理极面，去掉毛刺，磨平极面，调整或更换铁芯。

(5) 短路环松脱或断裂，应装紧短路环或把断裂处焊牢。

(6) 零件装配不当（如夹紧螺钉松动、漏装缓冲弹簧），应重新检查并正确装配有关零件。

(7) 铁芯表面涂以少许机油，往往能有效地解决噪声问题。

417. 交流接触器线圈过热或烧坏的原因有哪些？如何处理？

答：(1) 电源电压过低或过高，应调整控制回路线圈的电源电压，使之符合线圈的额定电压。

(2) 操作频率过高，超过技术参数规定的允许值，应降低操作频率或换成重负荷接触器。

(3) 线圈制造不良或机械损伤导致绝缘损坏，甚至匝间短路，应更换线圈或消除引启机械损伤的故障。

(4) 铁芯极面不平或中柱去磁气隙过大，应将铁芯端面磨平或更换铁芯。

（5）机械运动部分卡阻，应排除卡阻故障。

（6）使用环境特别恶劣（如潮湿、含腐蚀性气体或环境温度过高），应根据环境条件选用特殊设计的线圈（如湿热型线圈等）。

418．接触器主触头过热或熔焊的原因有哪些？如何处理？

答：（1）接触器容量太小，应选用合适的接触器。

（2）负荷短路，吸合时短路电流通过主触头。应排除负荷短路故障，更换触头。

（3）线圈电压过低，吸合不良。应调整电源电压不低于额定电压的85%。

（4）触头表面严重烧损造成接触不良，恶性循环。应修整触头表面或更换。

（5）触头压力过低。应更换或修复触头，调整触头的压力，使其符合标准。

（6）触头表面有油污或高低不平，或有金属颗粒突起。应清理触头表面。

（7）接触器三相主触头闭合不同步，某两相主触头受特大启动电流冲击。可检查主触头闭合状况，调整动触头、静触头间隙使之同步接触。

（8）操作过于频繁。应更换相应工作制的接触器，以免再次发生熔焊。

（9）环境温度过高或使用在封闭的控制箱中。应改善环境条件，接触器应降低容量使用。

（10）各部分螺钉松动。应全面检查螺钉并紧固。

（11）主触头本身抗熔能力差，纯银触头易熔焊。可采用抗熔能力较强的银质合金触头作为接触器主触头。

419. 交流接触器触头及导电连接板温升过高的原因有哪些？如何处理？

答：(1) 触头反力弹簧压力不足或超程过小。应调整弹簧压力或把超程调整至规定值。

(2) 触头接触不良。应清理触头表面油污及金属颗粒，修整极面，紧固触头与导电极。

(3) 触头严重磨损或开焊。若触头磨损至原厚度的1/3或开焊，应更换触头。

(4) 操作过于频繁或电流过大，触头断开容量不足。应更换相应工作制的接触器或选用大一级容量的接触器。

420. 交流接触器触头过度磨损的原因有哪些？如何处理？

答：(1) 在反接制动、操作频率过高、点动动作过多的情况下，接触器容量不足。应使接触器降低容量使用或改用适合繁重任务的接触器。

(2) 三相触头动作不同步。应调整到同步。

(3) 负荷侧短路。应查明短路处，并排除故障或更换触头。

(4) 操作电压过低使合闸产生跳跃。应保证电源电压为额定值。

(5) 合闸过程中触头有跳跃现象。应检查并调整触头压力，使之符合标准。

(6) 灭弧装置损坏，使触头分断时产生电弧，不能被分割成小段迅速熄灭。应更换灭弧装置。

(7) 触头的初压力太小。应调整初压力。

(8) 触头分断时电弧温度太高，使触头金属氧化。应检

十、常见电气故障诊断与处理

修灭弧装置或更换。

421. 交流接触器相间短路的原因有哪些？如何处理？

答：(1) 相间绝缘损坏。应更换炭化后的胶木件。

(2) 相间导电尘埃堆积或潮湿。应经常清理，保持交流接触器接线端子清洁、干燥。

(3) 可逆转换的接触器联锁不可靠，致使两台接触器同时投入运行；或因燃弧时间长、转换时间短，在断开的接触器尚未完全断开的情况下另一台接触器已经接通，从而造成在转换过程中发生电弧短路。此时可检查辅助触头与机械联锁是否可靠，在控制回路上加装中间环节（如中间继电器）。

(4) 接触器动作太快，转换时间短，在转换过程中产生短路。应调换动作时间长的接触器，延长可逆转换时间。

(5) 灭弧罩破裂或其他零部件损坏。当接触器灭弧罩损坏时，应及时更换，一定不能在不加灭弧罩或灭弧罩破裂的情况下勉强使用，否则将会造成三相间的电弧短路。其他零件损坏时也应随时更换。

(6) 装于金属外壳内的接触器，其外壳处于分断时的喷弧距离内，可引起相间短路。应选用合适的接触器或在其外壳内进行绝缘处理。

422. 交流接触器灭弧装置不能有效灭弧的原因有哪些？如何处理？

答：(1) 灭弧罩被雨淋或因其他原因受潮，绝缘降低，不利于熄弧，应立即烘干。

(2) 当发生分断故障时，是因为电流过大或操作频繁，灭弧罩在高温作用下发生炭化。应用锉或刀刮掉炭质，保持表面整洁。

423. 交流接触器吸合太猛的原因与处理方法有哪些？

答：(1) 接触器吸合太猛是因为控制电路电源电压大于线圈额定电压，应正确选择与电源电压匹配的接触器线圈。

(2) 如果是重新绕制的线圈，可能是线圈匝数太少，应重新计算或查对线圈数据。

424. 热继电器误动作的原因有哪些？如何处理？

答：热继电器的误动作指的是电动机未过载时热继电器就动作，导致电动机不能正常运行，有以下几种表现形式。

(1) 当遇到热继电器所保护的电动机启动频繁，热元件多次受到启动电流的冲击，造成热继电器误动作时，应限制电动机的频繁启动或改用热敏电阻温度继电器。

(2) 电动机启动时间过长，热元件较长时间通过启动电流，造成热继电器误动作。可根据电动机启动时间要求，从控制线路上采取相应措施，在电动机启动过程中短接热继电器，电动机启动运行后再接入或选择具有合适可返回时间等级的热继电器。

(3) 连接导线截面过小，接线端接触不良，使触头发热，也会引起热继电器误动作。应合理选择导线，并使接线端接触良好。

(4) 电动机负荷剧增，使过大的电流通过热元件。应减小电动机负荷或改用过电流继电器保护装置。

(5) 热继电器电流调节刻度偏小，造成误动作。应合理调整，可先将调节电流凸轮调向大电流方向时启动电动机，待电动机运行 1h 后，再将调节电流凸轮缓慢向小电流方向调节，直到热继电器动作，最后再将调节凸轮向大电流方向

稍作适当旋转即可。

(6) 热继电器可调整部件松动，使热元件整定电流偏小，造成热继电器误动作。可拆开热继电器后盖，检查动作机构及部件并予以紧固和重新调整。

(7) 整定值偏小。应旋转电流调节旋钮，调整整定电流至电动机额定电流，若调节范围不够，则需要调换热继电器。

(8) 热继电器安装地点的环境温度远高于电动机所在场所的环境温度。应加强热继电器安装处的通风散热，使运行环境温度符合要求，一般应在 30 ~ 40℃ 之间。

(9) 受强烈的冲击振动。应改换安装地点，选用带防冲击振动的热继电器或采取防振措施。

425. 热继电器不动作的原因有哪些？如何处理？

答：(1) 热继电器调节刻度偏大或调整部件松动引起整定电流值偏大。在电动机过负荷运行时，负荷电流虽然能使热元件温度升高，双金属片弯曲，但不足以推动导板和温度补偿双金属片，使电动机长时间过载运行而烧坏。应更换双金属片并重新进行调整。

(2) 热元件烧断或脱焊，应更换热元件或重新焊牢。

(3) 热继电器的动作机构卡住，导板脱离。应打开盖子，检查动作机构，放入导板，并使动作机构动作灵活。

(4) 热继电器经过检修后，将双金属片安装反了。应检查双金属片的安装方向，并重新安装。

(5) 双金属片及热元件用错，使电流通过热元件后双金属片不能推动导板，造成电动机过负荷运行烧坏，而热继电器不动作。应更换合适的双金属片及热元件。

(6) 热元件通过短路电流，双金属片产生永久变形，当电动机过载时，热继电器无法动作，使电动机烧坏。应更换双金属片并重新进行调整。

(7) 导板脱出。应重新放入导板并用手动试验动作是否灵活。

426. 热继电器动作不稳定，时快时慢的原因有哪些？如何处理？

答：(1) 热继电器内部机构某些部件松动，应紧固这些部件。

(2) 在检修中折弯了双金属片。可用高倍电流预试几次，或将双金属片拆下来热处理（一般约200℃），以去除内应力。

(3) 通电时电流波动太大，或接线螺钉未拧紧，或多次试验时冷却时间不同。应校验电源所加的电压稳定器，把接线螺钉拧紧，各次试验后冷却时间要充分。

427. 热元件烧断的原因有哪些？如何处理？

答：(1) 热继电器负荷侧短路，使热元件烧断。应切除电源检查电路，排除短路故障并更换热元件。

(2) 电流整定值过大造成长期过载，长时间通过大电流。应更换热继电器并重新调整整定电流值。

(3) 操作过于频繁，应适当减少操作次数或合理选用热继电器。

(4) 机构故障，在启动过程中热继电器不能动作。应更换热继电器。

428. 如何处理热继电器无法调整故障？

答：(1) 热元件的发热量太小，或装错了热继电器。应更换电阻值较大的热元件或电流值较小的热继电器。

(2)双金属片安装的方向反了或双金属片用错。应调整双金属片安装方向或更换双金属片。

429. 如何处理热继电器控制失灵故障？

答：(1)热继电器触头烧坏或动触片弹性消失，造成动触头、静触头接触不良或不能接触。应更换动触片及烧坏的触头。

(2)在可调整式的热继电器中，由于刻度盘或调整螺钉转到不合适的位置，将触头顶开。应调整刻度盘或调整螺钉。

430. 如何处理热继电器不能再扣故障？

答：(1)再扣与脱扣时间间隔太短。应在2min以后进行手动再扣；5min以后可自动复位再扣。

(2)复位片簧折断。应更换热继电器。

431. 如何处理热继电器接入后主电路或控制电路不通故障？

答：(1)热元件烧坏或热元件进出线头脱焊，使热继电器接入后主电路不通。可打开热继电器的盖子进行外观检查，但不得随意卸下热元件，对脱焊的线头应重新焊好；若热元件烧断，应更换同样规格的热元件。

(2)整定电流调节凸轮或调节螺钉转不到合适的位置上，使动断触头断开。可打开热继电器的盖子，调节凸轮，观察动作机构，并调到合适的位置上。

(3)若动断触头烧坏，再扣弹簧或支持杆弹簧的惯性消失，使动断触头不能接触，造成热继电器接入后控制电路不通。应更换触头和相应的弹簧。

(4)热继电器主电路或控制电路中的接线螺钉松动，运行日久接线脱落，也会造成电路不通。可检查接线螺钉并将其紧固即可。

432. 自耦减压启动器启动电动机后电动机运转太快的原因有哪些？

答：(1) 自耦减压启动器的自耦变压器接在 80% 的抽头上，使电动机启动太快，造成启动电流很大。应将抽头从 80% 调到 65% 即可。

(2) 自耦减压启动器的自耦变压器绕组匝间短路。应分别测量自耦变压器各相绕组的抽头电压。电压低并产生过热的绕组即是短路绕组，应重新更换绕组。

(3) 电路接线错误造成电动机启动太快，应仔细检查电路接线。

十一、用电管理与节电

433. 什么是计划用电？落实计划用电的四个重要环节是什么？

答：计划用电是按照市场经济规律和发展需要，国家对电力实行统一分配的具体政策和规定，在国民经济各部门、各行业，对发电、供电、用电实行综合平衡，科学管理，保证电网安全、经济运行，发挥电力资源的最大经济效益，以满足国民经济发展和人民生活用电的需要。

实践证明，合理分配、科学管理、节约使用、灵活调度（分、管、用、调），是落实计划用电工作中必须抓好的四个重要环节。

434. 什么是电耗？单位产品电耗的作用及意义有哪些？

答：单位产品的耗电量称为电耗，简称为单耗。

加强电耗定额的管理，对国家、用电企业和电业部门都具有极为重要的作用和意义，主要表现在以下几方面：

（1）电耗定额是监督深入开展节约用电和实行计划用电管理的科学手段。加强电耗定额管理，可为国家实行电力统配、择优供电，确定电力计划分配数量提供重要的依据，是促进合理用电，监督检查开展节约用电最有效的科学手段。

（2）加强电耗定额管理，有利于提高生产效率。对于用电企业来说，认真加强电耗定额管理，经常研究分析产品电耗定额完成情况，可以及时了解企业内部各种生产设备的电能利用程度和利用率，并可了解生产过程中各项技术参数、原材料质量、配合比例、操作工艺、劳动生产率、成品率和安全生产情况等，从而能针对存在的问题，采取有效措施加以改进，最大限度提高生产效率，实现高产、优质、低消耗和安全生产，以保证取得最好的经济效果。

（3）加强电耗管理，有利于降低生产成本，提高企业的经营管理水平，推动生产技术管理、设备管理、工艺管理、质量管理和原材料管理等一系列技术管理工作，从而提高企业的全面管理水平。另外，它还能保证取得增加产品产量和降低电能消耗的经济效果。

435. 什么是电压损失？电压损失对工业生产有什么影响？

答：始端电压与终端电压之间的差值称为电压损失。电压在允许范围内的损失是正常损失，对工业生产无影响。如电压下降超过了允许数值，就会给工业生产带来极大的危害，主要有以下几点：

（1）降低发电设备、供电设备的出力；

（2）增加线路的损耗；

（3）危及电网安全运行，严重时甚至会引起电网崩溃，使电网瓦解；

（4）电动机启动困难；

（5）降低用电设备出力，使电动机过电流发热甚至烧坏；

（6）影响生产过程正常进行和产品质量，严重时引起低电压保护动作；

（7）日光灯不能启动，各种照明发光设备发光效率下降；

(8) 影响通信、广播、电视等的质量。

436. 何为高峰负荷、低谷负荷、平均负荷和保安负荷?

答：用电高峰时间的负荷,称为高峰负荷,每天在上午、下午和晚上出现三次高峰负荷；用电低谷时间的负荷,称为低谷负荷,每天的中午和后夜出现两次低谷负荷。

平均负荷等于用电量除以用电时间。例如,日平均负荷等于全日用电量除以24h。

保安负荷是指保证人身生命和重大设备安全负荷,它主要是保证不致造成产品大量报废、不打乱复杂的生产过程、不给国民经济带来重大损失、不危及市政生活和要害等所需要的负荷。

437. 供电质量的标准是什么?

答：供电质量是指频率质量,电压质量和供电的可靠性。

供电局的频率允许偏差是：电网容量在300kW以上者,为±0.2Hz；电网容量在300kW以下者,为±0.5Hz。

用户受电端的电压变化幅度一般不应超过：35kV及以下供电和对电压质量有特殊要求的用户,为额定电压的±5%；10kV及以下高压用电和低压动力用户,为额定电压的±7%；低压照明用户为额定电压的±5%、−10%。

达不到以上要求,视为供电质量不合格。

438. 什么是节约用电?节约用电工作的主要途径是什么?

答：所谓节约用电,就是在电能使用过程中将损失和浪费减少至最低限度,换言之,就是努力提高电能的利用率。

改变目前电能利用率低的状态,需要做好以下工作：

（1）实行科学管理。采用先进的管理方法，搞好电气设备的经济运行，消灭有形和无形的电能损耗，在电能平衡的工作中，要测量和计算电能利用率情况，并逐步提高利用率。

（2）加强技术改造。目前，我国许多工业部门的工艺和技术装备都比较落后，所用电动机、水泵、风机效率低、消耗高。因此，有计划有步骤地进行技术改造，研制节能型的新设备，是节约用电的重要途径。

439．在石油行业开展节电活动的意义是什么？

答：电力是二次能源，是油田开发和原油集输等生产活动的主要动力。做好节电工作既可降低生产成本，又可把节约的能源用于扩大再生产，加速油田生产建设，同时还可以减少电力系统的压力，降低电力损耗，改善电能质量，所以节约用电是一项对油田很有意义的工作。

440．为什么电网需采用无功补偿？

答：油田用电负荷一般都属于感性负荷，自然功率因数较低，功率因数一般约为 0.7（抽油机的功率因数一般为 0.4~0.6）。为了改善功率因数，降低电网损耗，需采用无功补偿措施。无功补偿的主要作用是：

（1）能提高电网及负载的功率因数，提高设备利用率，降低设备所需容量，减少线路和设备的损耗，节约电能。

（2）能提高并稳定电网电压，改善供电电能质量。在长距离输电线路中安装合适的无功补偿装置，可提高系统的稳定性及输电能力。

（3）在三相负荷不平衡的场合，可对三相视在功率起到平衡作用。

（4）能增加变压器、发电机、供电线路等的备用量，减

小变压器内及供电线路的电压降,提高供电电压水平及设备利用率。

(5) 能减少用户的契约电力并节约电费。

441. 采用无功补偿提高功率因数有哪些措施?

答:采用无功补偿提高功率因数的措施有:

(1) 采用并联电容器补偿。

采用并联电容器补偿,能改善电网、变压器及设备的功率因数。采用并联电容器进行无功补偿,方法简单,效率显著,因此被广泛应用。并联电容器无功补偿方式有集中补偿(高压集中补偿、低压集中补偿)、分组补偿和就地补偿三种。

(2) 采用同步电动机补偿。

在生产设备允许的情况下,也可采用同步电动机补偿。采用同步电动机补偿,同步电动机发出无功功率,就近供给用电设备(负荷)所需的无功功率,使电网及变压器的功率因数提高。但必须注意,当同步电动机发出的无功功率过多时,会使功率因数超前,功率因数又会降低;而无功功率过少时,功率因数提高的幅度不大。所以,在实际运行中如何恰到好处地提供所需无功功率是采取同步电动机补偿的关键。

(3) 采用同步发电机补偿。

采用同步发电机补偿,将同步发电机的输出功率减小,并增大励磁电流,使发电机在超前功率因数下运行,输出所需要的无功功率,以补偿所并电网的无功功率不足。

442. 对并联电容器运行有哪些规定?

答:为了保证无功补偿并联电容器安全可靠运行,做如下规定:

(1) 电容器的额定电压原则上应等于电网的额定电压。选用时,对于额定电压为 0.22kV、0.38kV、3kV、6kV

和 10kV 的电网，电容器的额定电压为 0.23kV、0.4kV、3.15kV、6.3kV 和 10.5kV。

（2）运行温度。电容器按适应环境空气温度分为若干类别，其下限温度（为电容器投入运行的最低环境空气温度）有 5℃、-5℃、-25℃、-40℃ 和 -50℃ 五种；上限温度（为电容器可以在其中连续运行的最高环境空气温度）由代号 A、B、C、D 表示，见表 8。自愈式电容器的环境温度为 -25~+45℃。电容器运行时的冷却空气温度应不超过相应温度类别的最高环境空气温度加 5℃。

表 8　GB/T 17886.1—1999 中规定的上限温度

代号	环境空气温度，℃		
	最高	24h 平均最高	年平均最高
A	40	30	20
B	45	35	25
C	50	40	30
D	55	45	35

（3）海拔。电容器一般应在海拔不超过 1000m 的地区使用。对于海拔超过 1000m 的地区，由制造厂另外提供高原型电容器。

（4）过电压。电容器能在 1.1 倍额定电压下长期运行，并能在 1.15 倍额定电压下每 24h 中运行 30min；在 1.2 倍额定电压下运行 5min；在 1.36 倍额定电压下运行 1min。但应尽量避免最高环境温度与瞬时过电压同时出现。自愈式电容器的允许过电压：不超过额定电压的 1.1 倍，24h 内过电压不超过 8h。

以上过电压以不使过电流超过第（5）条规定之值为准。

当电容器组接成星形而中心点不接地时，相间的电容之差一般不应超过 5%，以防止在电容较小的一相上产生较高的过电压。

(5) 过电流。电容器能在不超过其额定电流的 1.3 倍下长期运行。这种过电流是由过电压和高次谐波造成的。对于具有最大正偏差的电容器，这个过电流允许达到 1.43 倍额定电流。

(6) 铁磁谐振。为了避免铁磁谐振，在投入空载变压器或电抗器前，可暂时切除电容器组。

(7) 电容器组断开电源后，规定不论电容器的额定电压高或低，在放电电路上经 30s 放电后，电容器两端的电压不应超过 65V。自动切换较频繁的电容器装置在投入时，电容器端头上的残余电压应不高于额定电压的 10%，以免电容器受到过高的过电压。

(8) 为限制电容器的合闸涌流，应串入电抗器。串入电抗器可使电容器的合闸涌流限制在电容器额定电流的 20 倍左右。限制 5 次及以上谐波，可选用 $(0.05\sim0.06)X_C$（X_C 为电容器组每相的容抗）；对限制 3 次及以上谐波可选用 $(0.12\sim0.13)X_C$。

(9) 当 10kV 电网谐波电压总畸变率为 4.04%，电容器两端电压 $U_C=1.1U_e$（额定电压），电容量 $C=1.1C_e$ 时，计算表明，其电压峰值为 $1.21\sqrt{2}\,U_e$，无功容量输出为 $1.36Q_e$，已超过标准规定。因此，10kV 电容器运行时，其电网的谐波电压畸变率不宜大于 4%，以避免超出电容器的允许条件。

(10) 当 0.4kV 电网谐波电压总畸变率为 5.02%，电容

器端电压 $U_C=1.1U_e$，$C=1.1C_e$ 时，计算表明，其过电流已为电容器在额定功率、额定正弦电压下电流的 1.31 倍，大于规定值。因此，在低压电容器运行时，其电网的谐波电压总畸变率不宜大于 5%，以保证其安全运行。《电能质量　公用电网谐波》（GB/T 14549—1993）规定，10kV 为 4%，0.4kV 为 5%，故对于运行于公用电网中的电容器，在使用时设备安全是有保障的。

443．怎样选择工厂无功补偿方式？

答：工厂的无功补偿可采用高压补偿、低压补偿和高低压混合补偿等方式。在选择补偿方式时，通常以高、低压移相电容器投资费用的差额与采用不同补偿方式在 5 年内所节约电能的费用的差额作比较来加以确定。

选择补偿方式的一般考虑原则如下：

（1）用电负荷分散及补偿容量较小的工厂，一般采用低压补偿方式较合适。移相电容器安装在负荷设备上（就地补偿），可以提高负荷端的功率因数，减少线损和变压器的损耗。不过就地补偿需用电容器多而利用率低，初期投资大，维护工作量也大，操作不太方便。就地补偿一般适用于长期运行的大容量电动机等，以及由较长线路供电的场合。将移相电容器集中安装在低压母线上，能减少变压器及高压供电线路的损耗，不能减少供电支线、干线的线损。然而对节电起主要作用的是减少变压器损耗。电容器安装在低压侧与安装在高压侧相比，有少受雷击、运行安全、寿命较长等优点，并可避免就地补偿方式的缺点。

（2）用电负荷比较集中而补偿容量比较大的大型工厂，宜采用高低压混合补偿方式。高压电容器集中在高压母线上补偿，能减少高压供电线路的损耗，操作方便，但工厂的变压器和配电线路等的损耗不能减少,高压电容器的价格较低压电容器低。

444. 长期轻载的异步电动机由三角形接线改成星形接线为什么能节电?

答:对于长期处于"大马拉小车"(负荷率低于 45%)的异步电动机,应将三角形接线改成星形接线,以节约电能。

电动机改成星形接线后,其相电压降低 $\dfrac{2}{\sqrt{3}}$,此时铁耗降低 $\dfrac{2}{3}$。由于电动机转速基本不变,故机械损耗基本不变,附加损耗与电流的平方成正比。改成星形接线后,由于定子电流较小,而附加损耗一般估计为定子输入功率的 0.5%,所以附加损耗不大,略有下降;功率因数得到改善,达到节电的效果。如负荷率由原来的 30%~50% 提高到 80% 左右,功率因数由原来的 0.5~0.7 提高到 0.8 以上。

需指出,在电动机转矩不变的条件下,电动机改接成星形接线后,转子电流增加了 $\sqrt{3}$ 倍,所以转子铜耗也增加了 3 倍,转子附加损耗会增加,电动机转差率也增加 3 倍。

但只要电动机负荷率低于 45%,改成星形接线后,总的有功损耗还是明显下降的。

445. 采用变频器有什么好处?

答:变频器是利用电力半导体器件的通断作用将工频电源变换成另一频率电源的电能控制装置。它是现代最先进的一种异步电动机调速装置,能实现软启动、软停车、无级调速以及特殊要求的增速、减速特性等,具有显著的节电效果,广泛用于异步电动机调速控制和软启动。采用变频器主要有以下好处:

(1) 能对电动机实现无级调速控制。许多生产工艺对传动电动机有调速要求。变频器可输出 0~400Hz 的频率,具体频率由生产工艺要求而定,并受电动机允许最大频率的制约。

(2) 能实现电动机节能。采用变频器调速技术,可使电动机效率提高 5%~10%,用于改变负载工况的输油、注水设备上时,一般可节电 20%~30%。变频器用于节电场合,使用频率为 0~50Hz,具体频率由设备类型、工况条件决定。

(3) 能实现电动机软启动、软制动以及平滑调速。用变频器作软启动器,能减小电动机启动电流,避免负载设备受到大的冲击。

(4) 能实现多台电动机按比例速度运行或同步运行。

(5) 能提高生产效率,降低设备维修量,提高产品质量。

446. 荧光灯与白炽灯比较节电效果如何?

答:白炽灯在工作时,钨丝温度可达 2500℃ 左右,所以它主要以热辐射形式发光,这种光称为"热光"。由于输入灯泡的电能大部分转化为热能和不可见光,故白炽灯的发光效率很低,其电—光转换效率只有 7%~8%。

荧光灯是一种气体放电灯,它是利用水银蒸气所辐射的紫外光线去激励灯管内壁上的荧光物质而间接发光,这种光称为"冷光"。荧光灯工作温度很低,热损失很小,故发光效率高,一般为白炽灯的 3~4 倍。例如,30W 荧光灯的亮度相当于 100W 的白炽灯,使用寿命也比白炽灯长得多。

功率越大的灯泡光通量越大,光效也越高(光效就是每消耗 1W 电能可得到的光通量)。常用白炽灯和荧光灯的发光效率等见表 9 和表 10。

十一、用电管理与节电

表9 常用白炽灯的发光率

型号	额定功率,W	光通量,lm	效率,lm/W
DZ220-15	15	110	7.33
DZ220-25	25	220	8.80
DZ220-40	40	350	8.75
DZ220-60	60	630	10.50
DZ220-100	100	1250	12.50

注:灯泡的寿命一般均为1000h。

表10 常用荧光灯的发光率

型号	额定功率,W	光通量,lm	效率,lm/W	寿命,h
YZ8	8(4)	220	18.23	1500
YZ15	15(8)	580	25.22	3000
YZ20	20(8)	930	33.21	3000
YZ30	30(8)	1550	40.79	5000
YZ40	40(8)	2400	50.00	5000

注:① 额定功率栏括号内的数字为其镇流器所消耗的电能。
② 镇流器所消耗的电能均计算在电灯总消耗功率中,从而算出效率。

447. 异形节能荧光灯与普通荧光灯比较节电效果如何?

答:异形节能荧光灯(又称紧凑型节能荧光灯)的形状有双D形、双U形、U形、H形、环形和双曲形等。这类荧光灯的优点是高效、节能、长寿、质量轻及安装方便。它们与普通荧光灯的节能情况比较见表11。

表11　异形节能荧光灯与普通荧光灯的节能比较

品名	普通荧光灯	双D形	双U形	U形	H形	环形	双曲形
功率，W	25	16	18	16	11	18	19
光通量，lm	1002	1050	1250	802	770	900	990
光效，lm/W	40	66	69	50	70	59	55
光效增长率	—	65%	72%	25%	75%	47%	37%

紧凑型节能荧光灯的光效是白炽灯的5倍，使用寿命是白炽灯的3倍，一盏11W、13W、15W、20W的灯具可代替25W、40W、60W、100W的白炽灯。

448．镇流器有哪几类？各有何特点？

答：镇流器是气体放电灯用于启动和限流的控制器件，有普通电感镇流器、节能型电感镇流器和电子镇流器三大类。

（1）普通电感镇流器的特点。技术成熟、产品质量稳定、寿命长，但自身功耗大（占灯功率的20%左右），功率因数低，启动电流大，温度高。

（2）电子镇流器的特点。自身功耗小，启动快、无噪声，无频闪，功率因数达0.9以上，但电路复杂，元件性能不稳定，故障率高，可靠性较差，使用寿命相对较短，存在电磁干扰和天线电干扰，以及抗瞬变电涌能力差，价格也较高。电子镇流器的节能效果最好，应大力研发、完善和推广使用。

(3) 节能型电感镇流器的特点。自身功耗小（占灯功率的12%左右），温度低，可靠性高，寿命与普通电感镇流器相同，但价格比普通电感镇流器稍高。

据介绍，美国市场上电感镇流器约占69%，电子镇流器约占31%；而欧洲市场上还是以电感镇流器为主，电子镇流器仅占5%左右。我国应大力推广节能型电感镇流器，同时有条件的应推广采用更加节能的电子镇流器。

449. 什么是绿色照明？

答：绿色照明采用高效节能的照明灯具。绿色照明工程国外起源于20世纪90年代初，我国从1996年开始实施绿色照明工程。绿色照明工程旨在发展高效照明产品，推广节约用电。我国实施绿色照明工程12年来取得了显著的成效。据统计，到2003年我国电光源的年产量约为80亿只，其中荧光灯年产18.5亿只，占电光源总产量的23%，紧凑型荧光灯的产量达到10.5亿只。1996—2004年期间，我国实施绿色照明工程累计节电 $450 \times 10^8 kW \cdot h$ 时，相当于 $900 \times 10^4 kW$ 的装机规模，减少 CO_2 排放量 $1300 \times 10^4 t$。绿色照明工程已列为十大节能重点项目之一。

然而，我国绿色照明工程远没有达到预期的目标。2003年年初的一项调查表明，在经济处于全国领先地位的上海，居民家庭使用传统白炽灯的比例高达45%，还有15%的灯具是非节能型的粗管荧光灯，企事业单位中未使用过高效节能荧光灯的占70%。另一项调查显示，我国有99%以上的人不清楚何谓"绿色照明"。可见，让更多人了解和接受"绿色照明"是当务之急。

450. 什么是光通量？

答：光源在单位时间内向四周空间辐射并引起人眼光感

的能量称为光通量，表示符号为ø，单位：lm（流明）。

451. 什么是发光强度（光强）？

答：光源在某一个特定方向上单位立体角内（每球面度内）的光通量，称为光源在该方向上的发光强度，表示符号为I，单位：cd（坎德拉）。

452. 什么是亮度？

答：被视物体在视线方向单位投影面上的发光强度，称为该物体表面的亮度，表示符号为L，单位：cd/m^2。

453. 什么是照度？

答：单位面积上接受的光通量称为照度，表示符号为E，单位：lx（勒克司）。

454. 什么是光效？

答：电光源消耗1W功率时所辐射出的光通量称为光效，单位：lm/W。

455. 什么是色温？

答：光源辐射的光谱分布（颜色）与黑体在温度T时所发出的光谱分布相同，则温度T称为光源的色温，表示符号为$\varGamma$，单位：K。

456. 什么是显色性和显色指数？

答：光源能显现被照物体颜色的性能称为光源的显色性。通常将日光的显色指数定为100，而将光源显现的物体颜色与日光下同一物体显现的颜色相符合的程度，称为该光源的显色指数，表示符号为Ra。

457. 什么是频闪效应？

答：当光源的光通量变化频率与物体的转动频率成整数倍时，人眼就感觉不到物体的转动，这称为频闪效应。

十一、用电管理与节电

458．什么是眩光？

答：由于光亮度分布不适当或变化范围太大，或在空间和时间上存在极端的亮度对比，以致引起刺眼的视觉状态称为眩光。

459．什么是配光曲线？

答：将照明器（光源和灯罩等组合）在空间各个方向上的光强分布情况绘制在坐标图上所得的图形称为配光曲线。

460．什么是照明器效率？

答：照明器的光通量与光源的光通量之比值称为照明器效率，一般为50%~90%。

461．使用空调器时怎样节电？

答：据统计，夏季城市空调器的耗电量约占整个城市用电量的2/3，搞好空调器节电意义重大。

空调器节电措施如下。

（1）根据房间的大小选购合适制冷量的空调器。制冷量选择小了，房间温度难以下降，空调器将连续不停地工作；制冷量选择过大，房间温度下降过快，空调器每次开机时间太短，来不及驱走房内的水分，相对湿度高，使人感到沉闷，还会造成电能和资金的浪费。空调器应把室内温度控制在下述范围内（特殊空调设备除外）：

制冷运行　　20~30℃；

制热运行　　16~23℃。

（2）正确使用温度调节器。夏季适当提高室温（如不低于26℃），冬季适当降低室温（如不高于20℃）。由于季节及人的年龄等不同，适宜温度也不会完全一样。另外，由于人体对散热具有调节机能，只要在适当温度范围之内，多数人并不会感到不舒服。制冷温度提高1~2℃，可节电5%~10%。

(3) 控制好开机和使用中的状态设定。开机时可设置到高挡（或强力），最快达到想要达到的温度；当温度适宜时，可改成中、低挡（或经济挡），减少能耗，降低噪声。

(4) 严格按要求安装。如果安装方式不合理，会使冷凝器的进风量过小或进风温度过高，从而导致冷凝压力高，空调器负荷增大，耗电量增大，制冷量减少。

(5) 要选择适宜的出风角度，因为出风角度直接影响制冷速度和室内温度。冷气流比空气重，易下沉，暖气流则相反。所以，空调制热时尽可能将出风口向下，制冷时则向上，可促进室内空气循环。

(6) 减少热交换。空调房间的密闭性要好，窗户要关严，以保持冷气不流失。若门、窗处较单薄，宜放下布门（窗）帘，挡住一部分热量，人员进出最好不要太频繁。

(7) 定期清洁滤尘网，因为灰尘堵塞滤尘网网眼，会影响制冷效果，一般每两三周清洁一次；定期清扫空调器，空调器经过一段时间使用，冷凝器、蒸发器、底盘等处也会积满灰尘，造成制冷量下降，同时空调器的故障率也随之上升，因此一般每年拆开清扫一次。

(8) 应定期清除室外机散热片上的尘土。散热片上的尘土过多，会使耗电量大幅度增加，严重时会使压缩机不停地工作引起过热，保护器跳闸而停止制冷。有些室外机的安装位置不易清洁，可请空调专业维修清洁人员清扫。

462. 使用电冰箱时怎样节电？

答：电冰箱的功率远不如空调器大，然而空调器的使用是季节性的，而电冰箱是长年使用的，因此电冰箱的耗电量不可小视。电冰箱的用电量占家用电器总用电量的30%左右。

十一、用电管理与节电

电冰箱节电措施有：

(1) 单门电冰箱较双门电冰箱省电。电冰箱有单门和双门两种，同容积的双门电冰箱的耗电量与单门电冰箱相比，要增加60%~100%，甚至更多。

(2) 不要将电冰箱安置在靠近热源及受阳光直射的地方，也不要靠墙太近，以免影响冷凝器向空中散热。测试表明，若环境温度为20℃，电冰箱的耗电量为100%的话，那么，当环境温度上升10℃时，耗电量则要增加5%；反之，当环境温度下降5℃时，耗电量可减少15%左右。

(3) 经常注意检查电冰箱的密封性能，检查门封条是否变形、老化，箱门是否变形、锈蚀，尤其要检查冰箱下面边框有无锈蚀情况（因为此处最容易锈烂）。若发现问题，应及时修理。有的用户在电冰箱面上盖有一块装饰布，在开关箱门时不要将布边夹进箱门，以免引起冷气外漏。

箱门的拉力一般要求在1.5kgf以上，若过小，应检查其原因，必要时需更换磁条。

(4) 尽量减少开门次数并缩短开门时间。如果开门一次10s，压缩机大约要多运转7~15min。另外，开门角度也要小，以减少冷量损失。

(5) 食物存放要适量。电冰箱不是储物箱，不要在冰箱内堆积过量食品，一般以占容积的80%为宜。采购时应选择短期内可吃完、必要的食物；尤其是在电冰箱冷冻室中堆放过多的食物，将使下方难以冷却。存放的食物之间要留有10mm以上的空隙，在摆放食品时也不要贴着箱壁，留出冷气自然对流空间，这样有利于达到冷却的效果，并且能延长电冰箱的使用寿命，达到节电的目的。

(6) 勿将热食放入电冰箱内，以减轻压缩机的工作负担。

(7) 定期清扫冷凝器上的积尘,以免灰尘影响散热效果,同时也要清扫压缩机上的尘垢。冷凝器最好工作两年清洁一次。不要在冷凝器上搭晾衣服,这样做不但会显著增加电耗,还会造成冷凝器锈蚀。

(8) 当天气转暖,室温达到15℃以上时,应将电冰箱的节电化霜开关拨到关的位置,这样可以减少耗电。

(9) 正确调整电冰箱的温度控制器,以减少耗电。不要一味追求低温而将温度调得过低,因为这会使温控器的弹簧拉紧,压缩机运行时间缩短,但是启动电流增大,启动次数增多,使冰箱耗电量增加。应根据环境温度、储藏的食品特点和储藏时间合理调节箱温,尤其不要经常把温度控制器调在最冷点。电冰箱温度控制旋钮上都分别标有数字,代表着对电冰箱内温度的控制范围。所标的数字越小,则控制温度越高。不同季节温度控制器指示范围可按以下选择:夏季3~4;春、秋季2~3;冬季4~5;当室温低于10℃时,温度控制器应拨到"6"的位置。

若能认真做到以上各点,每月可节电20%~30%。

463. 使用电视机时怎样节电?

答:电视机的亮度、对比度、色饱和度及音量对电耗都有影响,应合理调节。

(1) 对于亮度、对比度、色饱和度能自动调节的电视机,应使用自动调节功能将图像调节好。这样就不会出现这些参量的过调问题,图像也逼真。

(2) 根据"爱好"(许多电视机没有此功能)调节电视机的亮度、对比度、色饱和度时,应注意:① 不要将对比度和色饱和度调得过大,否则电耗很大;② 电视机的亮度不要调得过大,因为亮度越大,功耗越大,电视机的最亮状态比

十一、用电管理与节电

最暗状态多耗电 50%~60%，例如 22in（56cm）彩色电视机，最亮时的功耗为 85W，最暗时仅为 55W。电视机的亮度过大还容易使光栅聚焦变坏，缩短显像管的使用寿命。

现在有许多电视机都设有节能模式，平时在晚上观看电视时，就应该调到这一模式或把电视机的亮度稍微调低一点，可再在房间里开一盏节能型荧光灯，这样不仅能够减少耗电量，而且收看效果也好，不容易使眼睛感到疲劳。

（3）电视机不要在很亮的环境中使用，因为环境亮度大，为了使收看图像效果满意，就要增加亮度、对比度和色饱和度，必然增加电视机的耗电量。在白天收看时，应将窗帘挂起，造成较暗的环境。尤其不要在屏幕上加滤色片，因为滤色片减弱了图像亮度，为了看清图像，就要增加电视机的亮度，从而增加电耗。

（4）电视机的音量不要调得过响。和调节亮度的原因一样，电视机的音量越大，功耗越大、同时音量太大还会加剧失真，有时还会引起图像抖动，甚至损坏喇叭。

（5）电视机不要安置得太靠近墙，否则不利于散热；使用中的电视机上不要用布罩遮盖，以免堵塞散热孔，使机内元件升温，增加电耗，同时容易造成机内元件过热而损坏。

（6）加防尘罩有一定的好处。在不看电视时，不妨在电视机上加一层防尘罩，以防止空气里的灰尘被电视机的静电吸附进机器里。因为电视机内部灰尘积聚得过多，就会影响电子元器件散热，增加电耗，并可能造成元器件过热或漏电而引起故障。

（7）不看电视时，应及时关机或拔下电源插头，因为有的电视机在关闭后显像管仍有灯丝预热，电视机如处于待机状态，机器就在耗电，因此确定不再收看电视时，就应该及时关闭主电源,即关闭电视机的总电源开关或拔下电源插头。

不要用遥控器关机,因为用遥控器关机后,遥控接收部分仍带电,机内将消耗部分电能(约 3W),而且如果人离开家,或遥控关机后睡觉了,电视机长时间通电无人看管也十分不安全,电视机一旦过热,有可能发生火灾或爆炸事故。遥控器关机只是暂时不看电视时才使用。

我国电视机保有量 3.5 亿台,如果每台电视机平均每天待机 2h,一年的待机耗电高达 $25.55 \times 10^8 \mathrm{kW \cdot h}$。

464. 使用电脑时怎样节电?

答:家用电脑的功率一般为 150W 左右,加上附属设备为 300~350W,电脑的使用率又很高,因此电耗也较大。

电脑节电措施有:

(1) 电脑室内通风要良好,电脑上或旁边不要堆放杂物,以免影响电脑散热。

(2) 减少发热量,减小功耗。降低 CPU 的功耗是电脑最直接的节电方法。如果正在上网或播放音乐,不必高频工作。降频不仅降低 CPU 的直接功耗,而且还让发热量减小,使系统风扇变得更加缓慢。

(3) 电脑室内光线不可太强,亮度应适度,否则需加大彩显的亮度、对比度,从而增加电耗。白天室内光线过强时,应用窗帘遮光。

(4) 拔去多余的外部设备。拔去类似 PC 卡、USB 等接口的任何设备,有利于节电。比如外置光驱,不用光驱时,尽量把它拔掉,因为即使没有使用,光驱也一样会消耗电能;内置的无限 WLAN 模块不使用时也应关闭;在电脑用于听音乐时,应调暗彩显亮度、对比度,或者关掉彩显;不用打印机等附属设备时也要关掉电源。

（5）正确使用休眠（睡眠）和待机模式。待机模式是进入"假关机"状态，系统一切都停止运转，类似关机模式。但当前运行的信息仍保存在内存中，并保证一定的电力维持内存不掉电，需要使用时就可以"瞬间"恢复到刚才挂起的时间点继续工作。休眠模式比待机模式更省电，虽然它在恢复系统时稍微慢点，但休眠模式要比纯粹的"冷启动"还是快了很多，而且休眠模式会节省硬盘启动时间，更加省电，且保护硬件使用寿命。采用休眠模式能使整机能耗下降50%以上。

（6）平时要做好电脑的防尘、除尘工作，保持环境清洁、电脑清洁，定期清洁屏幕。

（7）关闭一些不常用的软件，不让它们驻留在内存中，例如检查屏幕右下角的系统栏，看看有没有没用的图标出现。按 Ctrl+Alt+Del 快捷键，也可以关闭那些并不使用的软件。

465．使用电热油汀时怎样节电？

答：电热油汀又称充油式电暖器，功率为1500W（7片）至2000W（10片）不等，是冬季取暖大功率耗电设备。

电热油汀节电措施有：

（1）使用时门、窗要关严，防止热气外泄。晚间使用时应将窗帘放下。

（2）减少门、窗的开关次数。开门时门不要开得太大，关门要快，以免热气散失。

（3）尽可能放在较小的房间内使用。若放在大房间内使用，要达到小房间同样的温度，必然延长加热时间，需要更多的电能。

(4) 开始工作时,为加快升温速度,应将两只功率选择按钮都合上,同时把调温控温旋钮向高温方向旋到底。当升至满意的室温后,将旋钮沿逆时针方向缓慢转回至功率选择按钮指示灯刚好熄灭,这样即可保持室温恒温。

(5) 正确使用调温旋钮。恒温控制时温度不要设得太高,温度越高越费电。一般将室内温度控制得不高于20℃。

十二、安全用电与防火防爆

466．什么是安全电压？说明各等级安全电压的应用范围。

答：通过人体 50Hz 的电流超过 50mA 时，将严重损伤心脏和神经系统，危及生命安全。当人体接触 36V 以下电压时，通过人体的电流一般不超过 50mA 会比较安全。因此，我国国家规定安全电压额定值的等级为 42V、36V、24V、12V、6V。

有电击危险环境中手持照明灯和局部照明灯采用 36V 或 24V 安全电压。工作地点狭窄，行动困难以及周围有大面积接地导体、金属容器、隧道、水井内等狭窄潮湿的危险环境中手持照明灯采用 12V 安全电压。水下作业采用 6V 安全电压。

467．什么是触电？

答：人体因触及带电体受到电压的作用，造成局部受伤甚至死亡的现象，称为触电。

468．触电有哪些类型？

答：触电有单相触电、两相触电和跨步电压触电三种。

469．何谓单相触电？

答：如图 6 所示，单相触电是指人体在地面或其他接地导体上，人体某一部位触及一相带电体，电流通过人体流入大地，这种触电现象称为单相触电。对于电源中性点不接地的单相触电，这时电流通过人体、大地，输电线与大地之间形成的电容和绝缘电阻再回到电源，也很危险。

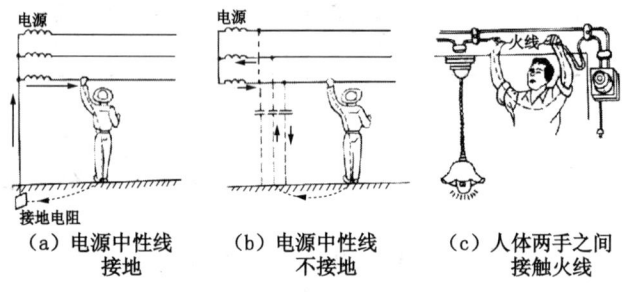

图6　单相触电示意图

470. 何谓两相触电？

答：如图7所示，人体同时两处接触带电设备或带电导体，使电流从一相导体通过人体流入另一导体，构成一个闭合回路，称为两相触电。因为两手触及两相电压，电压为线电压，且电流通过心脏，这是最危险的一种触电形式。

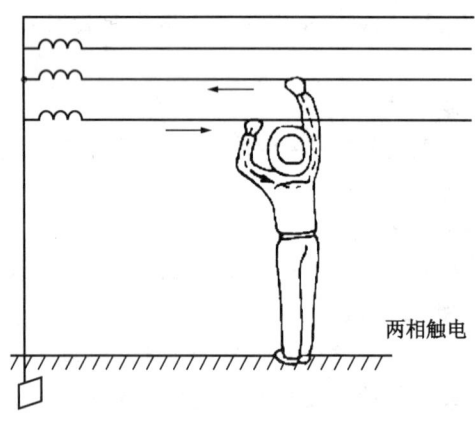

图7　两相触电示意图

471. 何谓跨步电压触电？

答：如图8所示，当电气设备发生接地故障，接地电流通过导体向大地流散，在地面上形成分布电压，这时若人在接地短路点周围行走，其两脚之间的电位差就是跨步电压。由跨步电压引起的人体触电称为跨步电压触电。

图8　跨步电压触电示意图

472. 低压触电使触电者脱离电源的方法有哪些？

答：(1) 如果电源开关或电源插头在触电地点附近，可立即拉开开关或拔出插头，切断电源。但应注意拉线开关和平开关只能控制一根线，有可能只切断零线，而火线并未切断，没有达到真正切断电源的目的。

(2) 如果电源开关或电源插头不在触电地点附近，可用带绝缘柄的电工钳或有干燥木柄的斧头切断电源线，断开电源；或用干木板等绝缘物插入触电者身下，隔断电源。

(3) 当电线搭落在触电者身上时，可用干燥的衣服、手套、绳索、木板、木棒等绝缘物作为工具，拉开触电者或挑开电线,使触电者脱离电源。

(4) 如果触电者的衣服很干燥,且未曾紧缠在身上,可用手抓住触电者的衣服,拉离电源。但因触电者的身体是带电的,其鞋子的绝缘也可能遭到破坏,救护人员不得接触触电者的皮肤,也不能触摸他的鞋子。

473. 高压触电使触电者脱离电源的方法有哪些?

答:(1) 立即通知有关部门停电。

(2) 带上绝缘手套,穿上绝缘靴,用相应电压等级的绝缘工具拉开开关。

(3) 抛掷裸金属线使线路短路接地,迫使保护装置动作,断开电源。抛掷金属线前,应注意先将金属线一端可靠接地,然后抛掷另一端;被抛掷的一端切不可触及触电者和其他人。

对于上述使触电者脱离电源的办法,应根据具体情况,以快速为原则选择采用。

474. 防止触电有哪些安全措施?

答:当电气设备的绝缘损坏时,机壳就会带电,人体触及机壳就可能发生触电事故。为防止触电事故的发生,应采用保护接地、保护接零安全措施,或采用安装漏电保护器防止触电措施。

475. 什么是保护接地?

答:如图9所示,在变压器中性点不直接接地的电网内,一切电气设备在正常情况下不带电的金属外壳与接地装置作良好连接,称为保护接地。

476. 什么是保护接零?

答:在变压器中性点直接接地的电网内,一切电气设备在正常情况下不带电的金属外壳与接地装置作良好连接,称为保护接零。

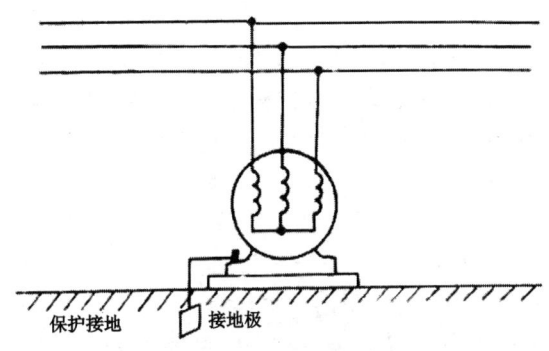

图9　保护接地示意图

477. 在三相四线制系统中有了保护接零为什么可以防止触电？

答：如果电动机采取了保护接零措施，如图10所示，则当电动机一相绕组碰壳时，由于外壳已与中线连接，形成短路，会立即将熔断器的熔断丝熔断，自动切断电源，因此可以免除触电危险。

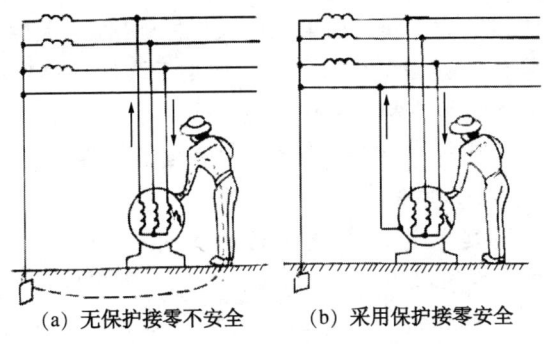

(a) 无保护接零不安全　　　(b) 采用保护接零安全

图10　保护接零防止触电示意图

478. 在三相四线制系统中可否采用保护接地措施?

答：不可以。如果采用了保护接地，一旦电气设备绝缘损坏，使外壳带电时，电流将通过保护接地的接地极、大地、电源的接地极而回到电源。因为接地极的电阻值基本相同，则每个接地板电阻上的电压将是相电压的一半，如相电压为220V，则电气设备外壳对地将有110V电压，人体触及外壳时就会触电。所以在三相四线制系统中的电气设备不允许采用保护接地，必须采用保护接零。

479. 保护接地与保护接零有何区别?

答：(1) 保护原理不同。保护接地是限制设备漏电后的对地电压，使之不超过安全范围；保护接零是借助接零线路使设备形成短路，促使线路上的保护装置动作，以切断故障设备的电源。

(2) 适用范围不同。保护接地既适用于一般不接地的高低压电网，也适用于采取了其他安全措施（如装设漏电保护器）的低压电网；保护接零只适用于中性点直接接地的低压电网。

(3) 线路结构不同。如果采取保护接地措施，电网中可以无工作零线，只设保护接地线；如果采取保护接零措施，则必须设工作零线，利用工作零线作接零保护。保护零线不应接开关、熔断器，当在工作零线上装设熔断器等时，还必须另装保护接地线或接零线。

480. 引起电气设备过热的原因有哪些?

答：电气设备过热主要是由电流产生的热量造成的。

导体的电阻虽然很小，但其电阻总是客观存在的，因此，电流通过导体时要消耗一定的电能。这部分电能转化为热能，使导体温度升高，并加热其周围的其他材料。

对于电动机和变压器等带有铁磁材料的电气设备，除电流通过导体产生的热量外，还有在铁磁材料中产生的热量，这部分热量是由于铁磁材料的涡流损耗和磁滞损耗造成的。因此，这类电气设备的铁芯也是一个热源。当电气设备的绝缘质量降低时，通过绝缘材料的泄漏电流增加，可能导致绝缘材料温度升高。

481. 如何防止电气设备过热运行？

答：电气设备运行时总是要发热的，但是，设计正确、施工正确以及运行正常的电气设备，其最高温度与周围环境温度之差（即最高温升）都不会超过某一允许范围。例如，裸导线和塑料绝缘线的最高温度一般不得超过70℃；橡胶绝缘线的最高温度一般不得超过65℃；变压器的上层油温不得超过85℃；电力电容器外壳温度不得超过65℃；电动机定子绕组的最高温度，对应于所采用的A级、E级和B级绝缘材料分别为95℃、105℃和110℃，定子铁芯分别是100℃、115℃和120℃。这就是说，电气设备正常的发热是允许的。但当电气设备的正常运行遭到破坏时，发热量增加，温度升高，在一定条件下可能引起火灾。

482. 造成短路的原因有哪些？短路的危害有哪些？

答：引起短路的原因有：

(1) 当电气设备的绝缘老化，或受到高温、潮湿或腐蚀的作用而失去绝缘能力时，即可发生短路。

(2) 绝缘导线直接缠绕、勾挂在铁钉或铁丝上时，由于磨损和铁锈腐蚀，很容易使绝缘破坏而形成短路。

(3) 由于设备安装不当或工作疏忽，可能使电气设备的绝缘受到机械损伤而形成短路。

（4）由于雷击等过电压的作用，电气设备的绝缘可能遭到击穿而形成短路。

（5）在安装和检修工作中，由于接线和操作错误也可能造成短路事故。

短路的危害：发生短路时，线路中的电流增加为正常时的几倍甚至几十倍，而产生的热量又和电流的平方成正比，使得温度急剧上升，大大超过允许范围。如果温度达到可燃物的自燃点，即引起燃烧，从而导致火灾。

483. 电气设备过载的原因有哪些？

答：过载会引起电气设备发热，造成过载的原因大体上有两种情况。一是设计时选用线路或设备不合理，以至于在额定负载下产生过热。二是使用不合理，即线路或设备的负载超过额定值，或者连续使用时间过长，超过线路或设备的设计能力，由此造成过热。

484. 电弧产生的原因有哪些？有何危害？

答：电火花是电极间的击穿放电产生的，电弧是大量的电火花汇集而成的。

一般电火花的温度都很高，特别是电弧，温度可高达6000℃，因此，电火花和电弧不仅能引起可燃物燃烧，还能使金属熔化、飞溅，构成危险火源。在有爆炸危险的场所，电火花和电弧更是引起火灾和爆炸的一个十分危险的因素。

485. 电火花包括哪两类？产生的原因有哪些？

答：在生产和生活中电火花是经常见到的。电火花大体包括工作火花和事故火花两类。

工作火花是指电气设备正常工作时或正常操作过程中产

生的火花，例如直流电动机电刷与换向器滑动接触处、交流电动机电刷与滑环滑动接触处电刷后方的微小火花，开关或接触器开合时的火花，插销拔出或插入时的火花等。

事故火花是线路或设备发生故障时出现的火花，例如发生短路或接地时出现的火花，绝缘损坏时出现的闪光，导线连接松脱时的火花，熔断丝熔断时的火花，过电压放电火花，静电火花，感应电火花以及修理工作中错误操作引起的火花等。

此外，电动机转子和定子发生摩擦（扫膛）或风扇与其他部件相碰撞也都会产生火花，这是由碰撞引起的机械性质火花。灯泡破碎时，炽热的灯丝有类似火花的危险作用。

486. 哪些电气设备可能引起爆炸？哪些情况可能引起空间爆炸？

答：电气设备除多油断路器、电力变压器、电力电容器、充油套管等充油设备可能爆炸外，一般不会出现爆炸事故。

以下情况可能引起空间爆炸：

（1）周围空间有爆炸性混合物，在危险温度或电火花作用下引起空间爆炸。

（2）充油设备的绝缘油在电弧作用下分解和汽化，喷出大量油雾和可燃气体，引起空间爆炸。

（3）发电机氢冷装置漏气、酸性蓄电池排出氢气等形成爆炸性混合物，引起空间爆炸。

487. 爆炸危险环境接地应注意什么？

答：（1）应将所有不带电金属物件作等电位连接。从防止电击考虑不需接地（接零）者，在爆炸危险环境仍应接地（接零）。例如，在非爆炸危险环境，干燥条件下，交流127V

以下的电气设备允许不采取接地或接零措施,而在爆炸危险环境,这些设备仍应接地或接零。

(2) 如低压由接地系统配电,应采用 TN-S 系统,即在爆炸危险环境应将保护零线与工作零线分开。保护导线的最小截面,铜导体不得小于 $4mm^2$,钢导体不得小于 $6mm^2$。

(3) 如低压由不接地系统配电,应采用 IT 系统,并装有一相接地时或严重漏电时能自动切断电源的保护装置或能发出声、光双重信号的报警装置。

488. 安装防爆区域的电气设备时如何保持一定的防火间距?

答:在有爆炸火灾危险的场所,正确安装电气设备是防火防爆的一项重要措施,正确安装电气设备应考虑以下具体内容:

(1) 电气设备应尽量远离爆炸火灾危险场所,如必须靠近这些场所内装置时,应注意布置在危险性较小的位置。

(2) 室外变电、配电装置与建筑物的间距应不小于 12~40m,与爆炸危险场所建筑物的间距应不小于 30m,与易燃和可燃液体储罐的间距应不小于 25~90m,与液化石油气罐的间距应不小于 40~90m。变压器油量越大,建筑物耐火等级越低,危险物品储量越大,所要求的间距也越大,必要时可加防火墙。还应当注意,露天变电、配电装置不应设置在易于沉积可燃粉尘或可燃纤维的地方。

(3) 10kV 以下的变电所和配电所不应设在爆炸危险场所和火灾危险场所的正上方或正下方。变电所和配电所与建筑物相毗邻时,隔墙应是非燃烧体的。隔墙面数视场所危险程度而定。

(4) 架空电气线路(包括电力线路和通信线路)严禁

跨越爆炸火灾危险场所。当线路与火灾和爆炸危险场所接近时，两者最小水平距离为杆塔高度的 1.5 倍。

（5）沿露天或开敞的有爆炸危险物质管道的管廊上敷设电缆或钢管配线时，应沿爆炸危险性较小物质管道的一边敷设。

489．防爆区域的电气设备如何保持通风？

答：在有爆炸火灾危险的场所，良好的通风可以散热和降低爆炸混合物的浓度，从而减小这些场所发生火灾爆炸的危险。通风可采用自然通风和机械通风，在通风过程中，应保证含有害物质的气体和清凉空气的对流畅通，不能有阻塞现象，尽量避免回流。必要时机械通风控制开关应装设具有较其他工作设备先开机、后停机的联锁装置。

通风控制开关应设在发生事故时易操作的地方，并妥善加以管理，避免误操作。通风设备的电源必须可靠，应采用双回路供电方式。

对充气型电气设备的通风、充气系统，还应注意保持在运行时系统内正压不低于 20mm 水柱和不混入有害物质；在启动设备时，要保证先启动通风设备，然后再启动电力设备，停机时，先停电力设备，再停通风设备。

490．怎样确定低压配电系统的漏电保护方式？

答：（1）低压配电系统的漏电保护方式要根据配电系统的接地方式确定。

① TN 系统在线路末端或分支回路中，装设漏电保护器，其动作电流为 30mA，动作时间 $t<0.1s$。

② TT 系统在出线端、主干线、分支回路和线路末端，按照线路和负荷的重要程度，分别安装不同额定电流、漏电动作电流和动作时间的漏电保护器，实行分级保护，形成漏

电保护网。

(2) 两级保护的设置。

① 第一级保护,设在主干线。漏电保护器的动作电流选得较大,一般为:线路电流150A及以下的主干线,动作电流可选100mA;线路电流150A以上的主干线,动作电流可选300mA,动作时间为0.2~0.3s。

② 第二级保护,设在分支回路或线路末端。漏电保护器的动作电流一般为30mA,动作时间 $t<0.1s$。也可选用具有反时限特性的漏电保护器。

③ 前后两级动作特性的配合。

a. 前级漏电保护器额定漏电动作电流的一半(即不动作漏电电流)应大于后级漏电保护器额定漏电动作电流;

b. 前级漏电保护器的动作可返回时间应大于后级漏电保护器的全部断开时间。

491. 安装低压配电系统漏电保护器应注意哪些事项?

答:(1) 无论是在TN接零保护系统或在TT接地保护系统中,漏电保护器的保护范围应是独立回路,不可与其他回路有电气上的联系。

(2) 在TN接零保护系统中,工作零线(N线)应接入漏电保护器(穿过零序电流互感器)而保护零线(PE线)不可接入漏电保护器。经过漏电保护器的工作零线不得作为保护零线用,不能再与接地系统或设备的金属外壳连接。

(3) 末端漏电保护器不宜接太多设备,也不宜多用户单元共用一个漏电保护器,否则会因线路泄漏电流大于或接近漏电保护器的动作电流(30mA)而使漏电保护器无法投入运行，即使勉强投入运行，也会经常发生误动作。另外，当漏电保护器动作时，也不便查找漏电故障点。

（4）配电系统漏电保护器与家用漏电保护器不同，配电系统漏电保护器除动作电流整定值较大、动作时间较长外，还具有短路保护和过流保护功能。所以，配电系统漏电保护器通常又称为剩余电流动作保护器。

（5）当在设备或线路上安装了不带过电流及短路保护功能的漏电保护器时，或当过电流及断流容量达不到要求时，应另设相应的断路器或过电流保护装置。

（6）两级漏电保护网络的前后级漏电保护器不但漏电流动作整定值应该相差 2 倍以上，而且前后级动作时间也应相差一个时间阶梯，以保证动作的选择性。

（7）应定期检查漏电保护器动作是否可靠，一般用户应每月按一次漏电保护器上的试验按钮。

（8）对于 220V 低压配电系统，用于人身安全保护的漏电保护器整定电流不应大于 30mA，动作时间小于 0.1s。如果整定电流大于 30mA 或动作时间大于 0.17s，则该漏电保护器只能作为后备保护或防火灾保护。

492. 爆炸危险场所区域等级是怎样划分的？

答：对于有爆炸性气体、可燃性气体与空气混合形成爆炸性气体混合物的场所，按其危险程度的大小分为三个区域等级。对于有爆炸性粉尘和可燃纤维与空气混合形成爆炸性混合物的场所，按其危险程度的大小分为两区域等级，见表 12。

表12 爆炸危险场所区域等级的划分

气体	0区	在正常情况下爆炸性气体混合物连续、短时间频繁地出现或长时间存在的场所
	1区	在正常情况下爆炸性气体混合物有可能出现的场所
	2区	在正常情况下爆炸性气体混合物不能出现,仅在不正常情况下偶尔短时间出现的场所
粉尘或纤维	10区	在正常情况下爆炸性粉尘或可燃纤维与空气的混合物可能连续、短时间频繁地出现或长时间存在的场所
	11区	在正常情况下爆炸性粉尘或可燃纤维与空气的混合物不能出现,仅在不正常情况下偶尔出现的场所

493. 防爆电气设备是怎样分类的?怎样识别防爆电气设备的标志?

答:防爆电气设备有三种类型:

(1) 隔爆型。有隔爆外壳,能承受内部爆炸性气体混合物产生的压力,并阻止内部爆炸向外壳周围传播爆炸性混合物。各种电气元件均装在隔爆壳内。

(2) 充油型。全部或部分电气部件浸在油内,使电气的点火源不能点燃油面以上或壳外的爆炸性混合物。

(3) 本质安全型。在正常工作或故障状态下,产生的电火花和热效应均不会点燃规定的爆炸性混合物。

在防爆电气设备上,一般都有必要的防爆标志和技术数据,以避免错误使用。

防爆电气设备的总标志为 E_x,各国表示有所差异,见表13。

十二、安全用电与防火防爆

表 13　各国防爆电气设备的标志

国家或组织	防爆总标志	各种类型防爆电气设备标志					
		隔爆型	增安型	本质安全型	正压型	充油型	充沙型	特殊型
中国	E_x	d	e	i_a, i_b	p	o	q	s
国际电工委员会	E_x	d	e	i_a, i_b	p	o	q	s
欧洲共同体	E_x/EE_x	d	e	i_a, i_b	p	o	q	—
德国	Sch/E_x	d	e	i_a, i_b	p	o	q	s
日本	—	d	e	i_a, i_b	p	o	q	s
英国	FLP	d	e	i_a, i_b	p	o	q	s
法国	MS/AE	ADE	SA	S_i	SP	—	BD	—
奥地利	E_x	d	e	i	f	o	—	s
波兰	E_x	M	W	I	p	—	z	s
美国	Cl.I	E_x-proof	—	IS	—	—	—	—
瑞士	X/SP	d	h	—	v	o	—	s
匈牙利	Sb/Rb	n	t	S_z	t	o	h	k
比利时	E_x	ADF	e	i	S_i	—	—	—

237

防爆标志顺序一般为：防爆形式、类别、级别和温度组别等。例如，d II$_B$T$_2$ 表示厂用隔爆型 II$_B$ 级 T$_2$ 组；e II$_A$T$_5$ 表示厂用增安型 II$_A$ 级 T$_5$ 组。

当防爆标志采用一种以上的复合形式时，必须先标出主体防爆形式，然后标出其他防爆形式，例如，ep II T$_4$ 表示 II 类主体增安型并具有正压型部件 T$_4$ 组。

494. 怎样对防爆电气设备进行日常维护检查？

答：(1) 首先要检查并改善防爆电气设备的工作环境，应注意以下事项：

① 对室外的防爆电气设备，应设雨棚，以免雨水直接淋到设备上。

② 尽可能不要将防爆电气设备安置在潮气、蒸汽多的场所。

③ 不要将防爆电气设备安置在有腐蚀性气体、液体的场所，以免设备受腐蚀。

④ 对易受到振动连接部位的紧固螺栓，要使用双重螺母等方法紧固，以防松动。

⑤ 当采取金属管配线时，与电气的连接部分要根据需要使用挠性接头。

(2) 及时清除电气设备上的灰尘、污垢，发现有问题应及时检修。

495. 怎样检修防爆电气设备？

答：(1) 禁止带电检修电气设备。当需通电检查时，除本质安全型电气设备外，不应打开设备的主体外壳、接线盒、透明窗等。

(2) 修理时，最好将电气设备移到非危险场所内进行。

(3) 需就地检修时，使用的测试仪器应为防爆结构仪器；在检修中应避免发生冲击火花。

(4) 拆装电气设备外壳、接线盒时应注意以下事项：

① 拆装均需小心，应尽量保持原状态。

② 不能用铁锤敲打外壳，以防壳体变形影响防爆面。

③ 不要轻易更换或修改原外壳使用的材质及尺寸，如有损坏，最好使用备件。

④ 拆下的外壳和接线盒等应除锈，壳内刷耐火漆，外壳刷防锈漆。

⑤ 接线盒内的接线应无松动，导线绝缘完好。

(5) 在检修中防爆面应先除锈，然后涂上一层防锈油脂并测量隔爆间隙是否合乎要求。防爆面的紧固螺栓必须采取防松措施，螺栓的数量不能缺少。

(6) 进线喇叭在电缆进线孔处密封要可靠，密封圈尺寸要与电缆外径相配套。对暂时不使用的进线孔，应用厚度大于 2mm 的钢板密封。

(7) 对有透明窗或油位计的容器，检修时应避免对其施加危险应力。

(8) 检查填料是否有裂纹或变形。

(9) 检查电气设备的接地电阻是否符合要求。矿井低压配电线路中性点不接地系统，其接地电阻值应不大于 2Ω；工厂低压配电线路中性点不接地系统，其接地电阻值应不大于 10Ω；工厂低压配电线路中性点接地系统，其接地电阻值应不大于 4Ω。

(10) 接地螺栓应符合下列规定：

① 容量 10kW 以上，接地螺栓不小于 M12；

② 容量 5~10kW，接地螺栓不小于 M10；

③ 容量 5kW 以下，接地螺栓不小于 M8；

④ 按钮、灯具、信号灯和小型开关等，接地螺栓不小于M6。

496．什么是闪燃？

答：可燃液体的表面都有一定量的蒸气存在，蒸气浓度取决于液体温度。可燃液体的蒸气与空气所组成的混合物遇明火时发生闪燃。引起闪燃的最低温度称"闪点"。闪燃不能使液体燃烧，原因是在闪点温度下，液体蒸发慢，可燃液体蒸气与空气的混合物瞬间燃尽。

497．什么是自燃？

答：可燃物在没有外部火花或火焰的条件下能自动引燃和继续燃烧称为自燃。能自动引燃的最低温度称为自燃点。

498．什么是燃烧？燃烧有哪三个条件？

答：燃烧是指可燃物与助燃物（氧或氧化剂）之间发生的一种发光放热的化学反应，是在单位时间内产生的热量大于消耗热量的反应，它包括产生局部急剧反应的着火过程和反应向未反应部分传播的传播过程。燃烧时必须具备三个条件，缺一不可：有可燃物质存在，有助燃物存在（空气、氧气等），有火源（如撞击、摩擦、明火、静电、雷击等）。

499．什么是爆炸？

答：爆炸是物质发生非常迅速的物理或化学变化的一种形式。这种变化在瞬间放出大量能量，使周围压力发生急剧突变，同时产生巨大声响。爆炸也可视为气体或蒸气在瞬间剧烈膨胀的现象。爆炸传播速度为 0.1~700m/s。

500．什么是物理性爆炸？

答：物质因状态或压力发生突变等物理变化而引起的爆炸称为物理性爆炸。物理性爆炸前后物质的性质和化学成分不变，例如锅炉爆炸、压力容器爆炸、液化石油气超压爆炸

都是物理性爆炸。

501．什么是化学性爆炸？

答：由于物质发生极迅速的化学反应，产生高温、高压而引起的爆炸称为化学性爆炸。化学性爆炸前后物质的性质和成分发生了根本的变化，例如炸药爆炸、天然气爆炸均属于化学性爆炸。化学性爆炸比物理性爆炸危害性大。

502．石油工业防火防爆的重要性是什么？

答：石油工业生产的产品主要是原油、天然气以及石油液化气和少量的天然汽油。这些产品具有易燃、易爆、易蒸发和易于聚积静电等特点。液体产品蒸发或气体产品蒸发与空气混合到一定的比例即形成可爆性气体，若遇明火，立即爆炸，从而造成极大的破坏。

石油生产工艺是多种多样的，而且有些生产工艺带有不同程度的危险性，如联合站，工艺高度集中，连续生产，是一个危险性较大的作业场所，在施工中又是一个多工种、立体交叉作业的场所，它设备沉重，技术先进，工具复杂，操作不易，难度较大，所以石油工业防火防爆非常重要。

503．石油工业"五防"是什么？

答：五防即防火、防爆、防静电、防蒸发及防泄漏、防中毒与防腐蚀。

504．灭火的四项基本措施是什么？

答：控制可燃物、隔绝空气、消除火源、阻止火势蔓延。

505．什么是冷却灭火法？

答：将灭火剂直接喷射到燃烧物体上，使燃烧物的温度降低到燃点以下，使其停止燃烧。或者将灭火剂喷洒到火源附近的物体上，使其不受火焰辐射热的威胁，避免形成新的着火点。最常见的就是利用清水灭火,还有二氧化碳冷却降温灭火。

506. 什么是隔离灭火法?

答:将火源处与周围的可燃物质隔离,使其火焰没有燃烧物质而熄灭。例如,将火源附近的可燃、易燃、易爆和助燃物品撤走,有时也可拆除与火源相连的建筑物,使燃烧中断。

507. 什么是窒息灭火法?

答:防止空气注入燃烧区或用不燃烧物质冲淡空气,使燃烧物质得不到足够的氧气而熄灭。例如,用不燃或难燃物捂着燃烧区,或在燃烧区撒土和砂子,或用湿毛毡覆盖火焰。

508. 什么是抑制灭火法(中断化学反应法)?

答:使灭火剂参与到燃烧反应过程中去,使燃烧过程中产生的游离烃消失,形成稳定分子或低活性游离烃,从而使燃烧的化学反应中断,从而停止燃烧。

509. 石油工业生产的主要特点是什么?

答:(1) 爆炸危险性大。石油及产品在一定温度下能大量蒸发产生蒸气,当蒸气与空气混合比达到一定比例时,遇到明火就发生爆炸。

(2) 火焰温度高,辐射热强。油气火焰温度可达1800~2100℃,距火焰柱50m处,人员、车辆就难以靠近。

(3) 易形成大面积火灾,石油着火后蔓延速度快。

(4) 具有复燃、复爆性。

(5) 会产生沸溢、喷溅现象。

根据上述特点,石油工业防火、防爆显得尤为重要。

510. 石油工业防火要求是什么？

答：(1) 为防止火灾发生，减少损失，避免相互影响和干扰，在井、站、库之间或它们与某些设施之间应留有一定的防火安全距离（一般为35~120m），并有路面宽不小于3.5m的消防道路，保持畅通无阻。

(2) 站、库要有较高的耐火等级。厂房耐火等级不得小于2级。

(3) 对进、出站库油气管线，在操作方便的地方要安装总截断阀门。与站、库无关的油气管线、电力线路、通信线路不得穿越或跨越厂区。

(4) 站内电气设备要用防爆型，接地线和避雷地线要符合要求，接地电阻不得大于10Ω。

(5) 罐区要有容量不小于罐容量2倍的非燃烧材料建筑的防火堤。站、库四周要有10~30m的防火道。

(6) 在生产管理方面：

① 建立安全管理组织。为确保安全生产，要建立有领导、技术干部和有关人员参加的安全领导小组，统一领导开展安全工作。明确要害岗位领导安全承包制，并要建立义务消防队，配备必要的消防器材。

② 开展安全教育和安全培训。运用各种形式对职工进行防火、防爆、防雷等安全知识教育和遵守安全法规教育，并对岗位工人进行安全培训和考核。全员教育，全员培训。

③ 建立健全各种安全制度，例如健全责任制度、动火审批制度、安全检查制度等，并严格执行。对检查出的问题要认真整改。

参考文献

1 赖广显主编.新型柴油发电机组.北京:人民邮电出版社,1999.

2 周志敏,周纪海,纪爱华编著.变频器使用与维修.北京:中国电力出版社,2008.

3 姚志送,姚磊编著.新型配电变压器结构、原理和应用.北京:机械工业出版社,2006.

4 漆仕速,傅恩锡编著.图解电工技术300问.天津:天津科学技术出版社,1995.

5 方大千编著.节约用电实用技术问答.北京:人民邮电出版社,2008.

6 方大千编著.现代电工技术问答.北京:金盾出版社,2006.

7 李悦,杨海宽编.电气安全工程.北京:化学工业出版社,2004.

8 王泰富主编.电力.北京:石油工业出版社,1994.

9 《电气装置安装工程电缆线路施工验收规范》GB 50168—2006.